FAO中文出版计划项目丛

农用塑料及其可持续性评估：
行动号召

联合国粮食及农业组织　编著

李骏达　张龙豹　张玉帅 等　译

中国农业出版社
联合国粮食及农业组织
2023·北京

引用格式要求：

粮农组织。2023年。《农用塑料及其可持续性评估：行动号召》。中国北京，中国农业出版社。https：//doi.org/10.4060/cb7856zh

ISBN 978-92-5-138299-8（粮农组织）
ISBN 978-7-109-31626-3（中国农业出版社）

前 言 FOREWORD

在过去70年间，塑料在农业粮食体系中和粮食价值链上广泛使用。从渔具、护树架到温室大棚，价格低廉、适用性强的塑料制品已经悄然进入粮食体系的每个环节。虽然塑料制品能够提高各农业部门的生产力和效率，帮助将粮食损失和浪费降到最低，但塑料本身也是主要污染源之一。长时间、大范围的使用，加上系统回收和可持续管理的缺位，导致塑料在土壤和水环境中累积。

农用塑料大多是一次性用品，用后可能在环境中长期存在。降解成为微塑料后，塑料能够沿着食物链转移和富集，威胁粮食安全、食品安全，甚至危害人体健康。

粮农组织编写的这份最新报告，为推动农用塑料废弃前后精细化管理提供了有力的支撑论据。这项放眼全球的评估研究增进了对农用塑料制品转移路径与去向的认识，填补了科学研究中的一大空白。本报告指出了主要农用塑料制品的优缺点，也对具有相似优点且负面影响较小的替代品和干预手段进行了评估。

土壤是农用塑料的主要去向之一。据了解，土壤中微塑料的含量要高于海洋。随着农用塑料需求的不断增长，更好地监测农用塑料制品使用量以及进入环境的农用塑料数量成为当务之急。采取预防、减量、回收再利用等循环方法，是减少塑料废弃物的关键。

当务之急是采取行动降低农用塑料污染直接导致的环境危害，并降低因使用石油基塑料而排放的温室气体所带来的间接影响。

应对农用塑料污染是助力实现"联合国生态系统恢复十年"目标的关键举措。"联合国生态系统恢复十年"由粮农组织和联合国环境规划署于2021年共同发起。此举也呼应了粮农组织《2022-2030战略框架》及"发展生物经济，促进可持续粮食和农业"这一计划的重点领域。这一计划重点聚焦可持续发展目标12"负责任消费和生产"，也包括废物处理（SDG 12.4）。

本报告也立场鲜明地发出号召，呼吁坚决采取协调行动，推广良好的农用塑料管理实践，限制塑料在农业部门中灾难性的使用。

总之，治理农用塑料污染就是创造更高效、更包容、更坚韧和更加可持续的农业粮食体系，从而促成更高生产力、更优营养、更美环境和更好的生活，不让任何一个人掉队。粮农组织作为联合国的专门机构，其宗旨是引领国际行动，实现人人粮食安全，确保人类持续享有足量、优质的食物，保障活跃而健康的生活。为此，粮农组织将在粮食安全、营养、食品安全、生物多样性和可持续农业的大背景下，采用整体化方法，在应对农用塑料问题方面继续发挥重要作用。

玛丽亚·海伦娜·赛梅朵
粮农组织副总干事

致　谢 | ACKNOWLEDGEMENTS

本出版物由 Jane Gilbert、Marco Ricci 和 Richard H. Thompson 在 Lev Neretin（联合国粮食及农业组织环境工作组组长）的指导下编写。作者要感谢粮农组织的同事 Anne Katrin Bogdanski、Carmen Bullon、Teemu Viinikainen、Christopher Breen、Ndaindila Haindongo 和 Nejat Malikyar 提供的建设性评论、意见和支持。

作者还想对以下人士提供的宝贵反馈和建设性意见表示感谢：粮农组织农用塑料和可持续性工作组成员；巴塞尔公约秘书处、联合国环境规划署和世界卫生组织的同事。

作者还要感谢他们咨询过的所有外部利益相关者所提供的帮助和信息，特别要感谢以下组织的帮助：法国的 A.D.I.VALOR；英国的 Agri.Cycle；法国的欧洲农业、塑料与环境协会（APE Europe）；德国的巴斯夫（BASF）；美国的国际环境法中心（Center for International Environmental Law）；英国的 Coop Food；意大利的 Coop ltalia；南非的科学和工业研究委员会（CSIR）；比利时的国际作物生命协会（CropLife International）；德国的 DDD Consulting Europe；俄罗斯的 Ecopole；比利时的 EIP-AGRI；英国的环境调查署（Environmental Investigation Agency）；英国的 Eunomia；德国的欧洲生物塑料协会（European Bioplastics Association）；比利时的欧洲保护与发展局（European Bureau for Conservation and Development）；比利时的欧盟委员会/循环塑料联盟（European Commission/Circular Plastics Alliance）；意大利的欧洲作物保护协会（European Crop Protection Association）；意大利的 Ferrari Costruzioni；哥斯达黎加的 Fyffes；美国的全球焚化炉替代品联盟（Global Alliance for Incinerator Alternatives）；德国的 GlobalG.A.P.；英国的 Interface-NRM；英国的 JepCo；智利的国家教育部（MoE Chile）；英国的全国农民联盟（National Farmers' Union）；美国的 NatureWorks；意大利的 Novamont；希腊的 Parpounas 可持续性咨询公司（Parpounas Sustainability Consultants）；比利时的欧洲塑料制造商协会（PlasticsEurope）；南非的 Plastix 911；澳大利亚的 RMCG；美国的 Southern Waste Information eXchange, Inc.；瑞典的 Trioworld lndustrier AB；奥地利的维也纳经济和商业

大学（Vienna University Economics and Business）；荷兰的瓦赫宁根大学及研究中心（Wageningen University and Research）；英国的WasteAid；以及意大利的世界农民组织（World Farmers' Organization）。

Lynette Hunt对本出版物进行文字编辑，Candida Villa-Lobos提供设计和排版支持，并协调出版过程。

缩略语 | ACRONYMS

ABS	丙烯腈-丁二烯-苯乙烯共聚物
ALDFG	废弃、丢失或以其他方式丢弃的渔具
APE	欧洲农业、塑料与环境协会
ASTM	美国材料与试验协会
BRS	巴塞尔公约、鹿特丹公约和斯德哥尔摩公约
CEN	欧洲标准化委员会
CGIAR	国际农业研究磋商小组
CIPA	国际农用塑料委员会
CO_2-eq	二氧化碳当量（比较全球增温潜能的量度单位）
CSIR	南非科学与工业理事会
EC	欧盟委员会
EIP-AGRI	欧盟农业创新伙伴关系
EN	欧洲标准
EPR	生产者责任延伸制度
EPS	发泡聚苯乙烯
EVA	乙烯-醋酸乙烯酯共聚物
FAO	联合国粮食及农业组织
FAOSTAT	粮农组织统计数据库
FSC	森林管理委员会
GESAMP	海洋环境保护科学问题联合专家组
GHG	温室气体
GPS	全球定位系统
HDPE	高密度聚乙烯
IBC	中型散装容器
IFA	整合农村保证标准
IMO	国际海事组织
ISO	国际标准化组织
ISWA	国际固体废物协会

LDPE	低密度聚乙烯
OECD	经济合作与发展组织
OSPAR	保护东北大西洋海洋环境公约
MARPOL	防止船舶污染国际公约
PBS	聚丁二酸丁二醇酯
PCDD/F	多氯二苯并二噁英和多氯二苯并呋喃
PCF	聚合物包膜控释肥
PCL	聚己内酯
PE	聚乙烯
PET	涤纶树脂
PHA	聚羟基脂肪酸酯
PMMA	聚甲基丙烯酸甲酯
POP	持久性有机污染物（在斯德哥尔摩公约中定义）
PP	聚丙烯
PRO	生产者责任组织
PVC	聚氯乙烯
RAG	"红黄绿"风险评估
RFID	无线射频识别
SAICM	国际化学品管理战略方针
SDG	可持续发展目标
SPRC	"源-途径-受体-影响"评估模型
TEQ	多氯二苯并二噁英和多氯二苯并呋喃的毒性当量因子
TPU	热塑性聚氨酯
TÜV	技术标准认证机构
UN	联合国
UNEP	联合国环境规划署
UNICRI	联合国区域间犯罪和司法研究所
USD	美元
UV	紫外线
WHO	世界卫生组织
WWF	世界自然基金会

执行概要 | EXECUTIVE SUMMARY

目的

本报告的目的是展现关于全球各种价值链上所用农用塑料制品的调研结果。本调研涵盖了粮农组织宗旨中涉及的所有领域：粮食生产、畜牧业、水产养殖、捕鱼和林业，并涵盖后续的加工处理和分发销售环节。本调研评估了塑料制品的种类和数量及其效用和弊端。针对对人类和环境具有较大潜在危害或者报废管理不善的塑料制品，报告提出了可持续替代用品或举措。本报告所用数据来自同行评审的科学论文、政府和非政府组织研究报告，以及包括相关贸易机构在内的行业专家所提供的信息。本报告提出的建议已在同粮农组织专家和其他外部专家的广泛咨询和评审中得到证实。笔者希望能借本报告，进一步引发关于农用塑料及其利弊的讨论，并最终推动降低塑料对人体和环境潜在危害行动的落地。

本报告包含以下章节内容：

- 塑料在农业中的使用情况及其带来的效益；
- 农用塑料制品的类型和数量估计；
- 塑料带来的危害；
- 重点农用塑料制品；
- 形成良好管理规范的框架；
- 推动农用塑料循环经济的建议；
- 主要研究发现与政策建议。

背景

在世界范围内，农用塑料制品的使用正变得越来越普遍。塑料聚合物种类繁多，功能丰富，制作方便，物理特性出众，价格低廉，因而成为许多农业事务的优选材料。大多数渔具由塑料制成；塑料温室大棚、地膜和灌溉管道能够帮助果农和菜农提高产出，减少灌溉水和除草剂投入，控制粮食质量；聚合物包膜的控释肥料能够以合适的速率为植株提供养分，避免营养物质散逸到水和空气中；青贮饲料膜使得畜牧农户不建粮仓和青贮堆就能够生产营养卫生、方便长时间保存的饲料；塑料护树板也广泛运用于种植园。上述塑料制品带来了许多好处，帮助农户、树农、渔夫维持生计、提高产量、减少损失、节约用水和降低化学品投入。

虽然塑料在农业中有上述万般好处，但是如果农用塑料在自然环境中毁损、降解或废弃，会带来严峻的污染风险，对人体健康和生态系统造成潜在的危害。

2019年，农业价值链在作物生产和动物生产上使用了**1 250万吨**塑料制品，在食品包装上使用了**3 730万吨**塑料制品。关于塑料储存、加工和分发等环节，暂未发现可用的使用量数据。此外，根据农用塑料行业预测，到2030年，全球范围内对温室、地膜和青贮膜的需求将在2018年的基数上增长50%，从610万吨上升至950万吨。

作物生产和畜牧业等部门塑料用量最大，每年共需1 000万吨塑料；捕鱼业和水产养殖次之，每年共需210万吨塑料；林业再次，每年需要20万吨塑料。

虽然关于各区域塑料用量的数据有限，但据估计，亚洲农用塑料使用量最大，每年高达600万吨，接近全球一半的使用量。

农用塑料报废后的去向缺乏良好记录。

数据表示，只有一小部分农用塑料得以收集回收，绝大部分是在发达国家。虽然相关记录基本一片空白，但有证据表明，在其他地区，大多数塑料的归宿是被焚烧、掩埋或填埋。

关于塑料对陆地生态和淡水生态危害的研究远远落后于对海洋环境危害的研究。

按质量排序，地膜是农用塑料的主要种类之一。地膜残留物在表层土壤的累积可能导致农作物减产。更令人担忧的是微塑料的形成和去向。微塑料来自农用塑料制品，可能沿着食物链在不同营养级间转移，对人体健康带来潜在的负面影响。水生环境和陆地环境中体积更大的塑料残留物则可能通过缠绕和摄食的方式伤害野生生物。有些塑料树脂包含邻苯二甲酸盐和双酚等有毒添加物，会造成内分泌紊乱。此外，越来越多证据表明，塑料碎片和微塑料是病原体和有毒化学品在海洋中长距离扩散的载体。不过，在陆地环境中，相关证据还比较有限。对农用塑料的不当处理，包括将塑料堆放于易燃的垃圾场或在农场露天焚烧，是多氯代二苯并对二噁英和多氯代二苯并呋喃等持续性有机污染物排放的重要来源。大部分塑料是化石基衍生物，处理不当还会造成温室气体排放。

农用塑料带来的环境问题本质上是全球性问题，是跨越国境的问题。

塑料对粮食安全、食品安全和营养以及社会和经济可持续性既有积极意义，也有负面影响。本报告建议，运用生命周期方法和循环原则，以整体化的方式加紧解决塑料带来的环境问题。

行动号召

报告基于6R模型（即拒绝、重新设计、减少、重复使用、循环利用、恢复），提出提升农用塑料循环性和精细管理水平的替代产品和干预措施。具体可以分为：采用无需塑料的农业做法；淘汰污染性最强的塑料制品；使用天然或生物可降解的塑料替代品；推广可以重复使用的塑料制品；完善报废管理方法；启用新的商业模式；针对农用塑料的收集和相关环境保护问题，制定落实强制性生产者责任延伸制度；制定财政政策和激励政策，改变供应链、生产者和消费者的行为方式。

通过梳理现有法律、政策和管理框架，本研究得出结论：目前尚无国际政策或立法工具能够全面覆盖塑料在农业粮食价值链上及在其生命周期中带来的各种问题。

此外，在框架梳理过程中，也没有发现任何举措能够单独推动良好的管理做法。

在国际层面，本报告建议从两方面着手开展工作：

（1）制定全面的非强制行为守则，全面覆盖农业粮食价值链上塑料相关事宜。这一行为守则需全面覆盖塑料制品，从设计、监管审批、加工生产、分发销售、使用到报废管理的全生命周期。该行为守则还应在全面权衡可持续性各维度利弊的前提下，支持农业粮食体系的可持续转型。该行为守则应基于科学，并在政府、区域组织、塑料生产者和使用者、废物管理行业、标准制定和认证机构、学术界和公民社会等各方的参与下，以包容和透明的方式制定。

（2）在合适的情况下，现有国际公约可以考虑将农用塑料生命周期中的某些方面主流化，如扩大《巴塞尔公约》范围，更好解决塑料废弃物问题，《防止船舶污染海洋公约》可以增加渔业和水产养殖所用塑料管理的相关内容。

本研究还建议，在粮农组织关于良好农业做法、粮食安全、食品安全和营养的文书和指导文件中将农用塑料可持续性主流化。

如此，就能利用非强制的行为守则相对快速地确立良好塑料管理的总体原则。与此同时，可以更加稳健地考虑如何将农用塑料问题纳入具有法律约束力的多边协议和"软法律"文书中。

本研究还指出现有的认知空白和进一步研究的领域，包括：

（1）农用塑料的全球流动和去向；农用塑料的数量、构成、使用地点和方式，以及在使用过程中和报废之后，塑料制品通过供应链流向自然环境的哪个角落。

（2）**对化石基塑料和生物基塑料**（包括可生物降解的和不可生物降解的塑料）及其替代品和替代性举措**进行生命周期评估**，从而确认和比较它们在农业粮食价值链上特定运用场景中带来的风险和效用。

（3）**塑料、微塑料和纳米塑料的转移路径和对农业系统、粮食安全和人体健康的影响**，包括它们沿着食物链和粮食体系转移和富集的可能性。

（4）在不同环境中、不同温度和湿度条件下，**生物可降解塑料制品降解的表现和速率**。包括：不同气候带的水生环境和土壤；不直接接触土壤的产品；塑料制品与其他化学物质产生协同效应。农用塑料对微生物、对土壤和水体质量、对土壤长期生产力造成的影响也需要研究。

采取协同而果断的行动的紧迫性不容低估。

目 录 ┃ CONTENTS

1 引 言

1.1 塑料与农业的关联

塑料在20世纪50年代被大范围投入使用，如今已非常普遍。塑料因其特性、功能性和相对低廉的价格，成为生产多种制品的优选聚合物。也正因如此，塑料促进了粮食价值链的变革，大大拓宽了消费选择空间。现如今，没有塑料的生活已经难以想象。

农业大致指通过植物种植和动物生产，为人类提供效用的活动，农业中的动植物可以成为食物、织物、燃料或药物。农业包含作物生产、畜牧生产、林业、渔业和水产养殖。

在现代农业中，各式各样的塑料制品被用来提升产出，比如：

- **地膜**：抑制杂草生长，减少水分蒸发流失，降低对农药、肥料和灌溉用水的需求，也同时促进植物生长。
- **拱棚和棚膜、防寒网**：保护作物，促进作物生长，延长耕种季节，提高产量。
- **灌溉管和滴灌线**：优化用水。
- **袋子和麻袋**：用于将种子和肥料运送至苗圃和农田。
- **青贮膜**：促使制作动物饲料的生物质原料发酵，无需搭建仓储建筑。
- **瓶子**：用于将农药和肥料运送至苗圃和农田。
- **肥料、农药和种子上的包衣**：控制化学物质的释放速率，或促进发芽。
- **无纺防护布或"抓毛绒"**：保护作物免受低温或光照影响。
- **护果工具**：包裹水果的袋子、护套或网，有时浸润着农药，能够保护水果免受昆虫和恶劣天气的侵害。
- **护树工具**：用于保护秧苗和树苗免受动物的破坏，形成促进植株生长的微气候（如林业中使用的护树架）。

- **网、绳、线、陷阱和围栏**：用于捕捉和养殖鱼类及其他水生生物。

塑料制品还能减少粮食损失和浪费，维持粮食的营养质量，因而能够提升粮食安全度（粮农组织，2020c）和减少温室气体（GHG）排放（粮农组织，2015）。

卫生的塑料包装还能减少食品污染，避免食物过早腐烂，从而提升食品安全度（Han 等，2018）。尽管具备诸多优点，但塑料也有其弊端，它们会削弱陆地和水生环境的农业生产力。

总体上，塑料污染物进入农业系统的路径有两条：

- **从非农业的源头泄漏进入农业系统**：如被风吹来的垃圾、空气传播的污染物，再如轮胎磨损产生的微塑料、非正规垃圾堆和受污染的洪水与排水；
- **从农业活动中泄漏进入农业系统**：农用塑料制品损坏（damaged）、降解（degraded）或丢弃（discarded）（即3D，见图4-2），被微塑料污染的有机改良剂和灌溉用水。

关于第一条路径的研究已较为透彻，而关于农用塑料使用程度和农用塑料如何泄漏进入环境中，相关研究报告还比较有限。

1.2　与塑料有关的问题

恰恰是让塑料如此有用的这些性质，造成了塑料报废后的种种问题。为了赋予塑料最优特性而混入塑料的聚合物和添加剂种类繁多，这是塑料分类和回收困难重重的原因。传统塑料是人造聚合物，很少有微生物能够将其及时降解（Roager 和 Sonnenschein，2019）。也就是说，一旦塑料进入自然环境中，就可能变成碎片，历经数十年而不腐不化。截至2015年，全球生产的约63亿吨塑料中，有近80%被认为流入自然环境或进入填埋场。（Geyer、Jambeck 和 Law，2017）

随着全球塑料需求的攀升，进入自然环境的塑料量也随之上升，这将阻碍缓解环境污染的努力（Borrelle 等，2020；Lau 等，2020；Ryberg、Hauschild、Michael 和 Laurent，2018；皮尤慈善信托基金会和 SYSTEMIQ 公司，2020）。造成上述情况的原因在于：相比于更具环境可持续性的替代品，塑料价格低、供应充足、功能丰富，回收处理的基础设施不到位，而在世界上绝大多数地方，生产者责任延伸制度基本还是一片空白。

塑料一旦进入自然环境，就可能造成多种危害。大型塑料制品影响海洋动物的实例在知名媒体报道和科学期刊中已屡见不鲜（Gall 和 Tompson，2015；McHardy，2019；Woods、Rødder 和 Verones，2019）。随着大件塑料分解降解，其危害会进入细胞层面，这时塑料影响的不仅是生物个体，还可能危害整个生态系统（海洋环境保护科学问题联合专家组，2015a；Shen 等，2020）。

　　微塑料（直径在5毫米以下，见31页插文3）被认为会威胁动物健康。据了解，微塑料借由摄食和生物富集沿着食物链传播的现象已经存在（Beriot等，2021；Huerta Lwanga等，2017）。近期的一项研究在人类粪便（Schwabl等，2019）和胎盘（Ragusa等，2021）中发现了微塑料颗粒，并在老鼠身上发现了纳米塑料（直径在1微米以下）在母婴间传播的证据（Fournier等，2020）。据了解，微塑料会吸收和富集持续性有机污染物（Andrady，2011；GESAMP，2015a；Harding，2016；Horton等，2017），并包藏病原微生物（Bowley等，2021），因而可能对人体健康造成尚无法量化的威胁和风险。

　　目前，大多数关于塑料污染的科学研究都围绕水生生态系统特别是海洋生态系统开展。虽然通常认为80%的海洋塑料垃圾来自陆地（Li、Tse和Fok，2016），但海洋环境保护科学问题联合专家组尚未在任何一篇发表的科学论文上找到这一说法的源头，并正在研究其来龙去脉（GESAMP第43工作组，2020）。特别是，农业土壤中的微塑料含量被认为要高于海洋（Nizzetto、Futter和Langaas，2016），其中一部分来自农用塑料的使用。因为全球大部分（93%）农业活动在陆地开展[①]，这一信息还需进一步调研核实。

1.3　本报告的范围

　　本报告呈现了关于全球各种价值链上在用农用塑料制品的类型和数量的调研结果。本报告研究的价值链包括：作物生产（园艺、香蕉、玉米和棉花）；饲料生产和畜牧生产；人工林林业；海洋捕捞和水产养殖。本报告首先关注农业粮食价值链上生产环节的塑料使用情况，但也涉及价值链的其他环节（储存、运输、加工、消费）。所用数据来自科学论文和研究报告，以及与粮农组织和行业专家的深入研讨。

　　本报告包含以下章节内容：
- 塑料在农业中的使用情况（第2章）。
- 在用农用塑料制品的类型和数量估计（第3章）。
- 塑料产生的危害（第4章）。
- 评估农用塑料制品，包括优先选择重点农用塑料制品，并对更具可持续性潜力的塑料替代品和替代性做法进行分析（第5章）。
- 形成良好管理规范的框架和机制（第6章）。
- 推动农用塑料循环经济的建议（第7章）。
- 总结主要发现和政策建议（第8章）。

---

　　① 详见第4章第4.1节。

本报告的目的是引发关于农用塑料及其利弊的讨论，并最终降低农用塑料对人体健康和自然环境的潜在危害。总体而言，报告旨在助推农业粮食体系转型，在不破坏陆地和水生生态系统功能的前提下，实现可持续的粮食安全（Webb 等，2021）。本研究还将提供改进意见，助力实现联合国"2030 年可持续发展目标（SDGs）"，特别是实现以下目标：

- 可持续发展目标 1：无贫穷

- 可持续发展目标 2：零饥饿

- 可持续发展目标 3：良好健康与福祉

- 可持续发展目标 6：清洁饮水和卫生设施

- 可持续发展目标 11：可持续城市和社区

- 可持续发展目标 12：可持续消费和生产

- 可持续发展目标 13：气候行动

- 可持续发展目标 14：水下生物

- 可持续发展目标 15：陆地生物

- 可持续发展目标 17：促进目标实现的伙伴关系

2 塑料在农业中的使用情况

2.1 各类塑料及其特性

塑料是合成或半合成的有机高分子聚合物，可以制作成结构性质、化学性质各异的塑料制品。有的塑料由一种单体分子构成（如聚乙烯，聚乙烯是乙烯的一种长链聚合物），称为均聚物；有的由两种或多种聚合物组成（如淀粉和聚己内酯），称为共聚物。此外，大多数塑料在掺混过程中会加入添加剂，以获得所需性能。

这些添加剂包括稳定剂、填充剂和塑化剂（Andrady，2015）。塑料聚合物可能来自化石基（石油）或生物基前体。有的生物基前体是专门生产的生物质（产自植物或微生物），有的则来自生物质废料。部分源自化石基和生物基前体的聚合物具有生物可降解性。

详见图2-1。

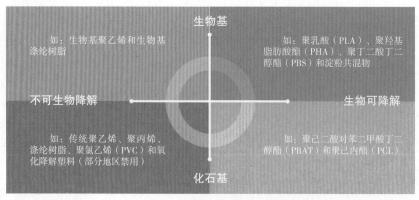

图2-1　按照前体和生物可降解性对塑料进行分类

资料来源：基于欧洲生物塑料协会的资料页（European Bioplastics，2019）。

塑料成品往往是多种聚合物的混合体，可能无法正好落入上图的某个象限之中。比如，欧洲生物塑料协会证实，在某种生物可降解塑料成品中，化石基的聚己二酸对苯二甲酸丁二醇酯往往掺混了生物基的聚乳酸或淀粉共混物（European Bioplastics，个人通讯，2021）。

塑料聚合物可以被模压、挤压或压制成为刚性、半刚性或柔性的制品。塑料轻便、防水、耐磨损，因而用途很广，当然也可用于农业。农业活动中可以见到多种塑料制品的身影，这些塑料制品能够在价值链的各个环节上帮助农夫和渔民提高生产力，减少粮食损失。

农业中会用到多种塑料聚合物，每种聚合物都包含特定添加剂，具备特定物理性质（即强度、透明度、绝热性、防水性等），以制成所需塑料制品。

主要聚合物种类有：

- **聚乙烯（PE）**：乙烯的聚合物，包括：
  - **低密度聚乙烯（LDPE）**：吹塑成膜；
  - **高密度聚乙烯（HDPE）**：挤压成为刚性和半刚性制品、厚膜、防护网和捆草网。
- **聚丙烯（PP）**：常用于制作薄膜和袋子（编织袋与无纺袋），以及硬质柳条箱。
- **发泡聚苯乙烯（EPS）**：一种轻型硬质泡沫材料，由细小的空心聚苯乙烯硬质颗粒构成的封闭蜂窝结构。EPS可制成多种密度规格，能够提供多种物理特性。主要用于绝热，如制成农产品包装，以实现温度控制。
- **乙烯-醋酸乙烯酯共聚物（EVA）**：乙烯和醋酸乙烯酯的共聚物，是一种弹性体聚合物，制成品与橡胶一样柔软，具有弹性。这种材料具有良好的透明度和光泽、低温韧性、耐应力开裂性、热熔胶防水性和紫外线辐射耐性。
- **聚氯乙烯（PVC）**：这种聚合物有刚性和软性两种基本形态；刚性PVC用于管道建设和型材的应用。柔性PVC据说是地膜材料中排名第二的常见聚合物（Sarkar等，2019）。柔性PVC还用于制作某些滴灌带和棚膜（Zhou等，2018）。
- **聚对苯二甲酸乙二醇酯（PET）**：一种热塑性聚酯，可以形成纤维，或制成杯具和餐具。

比较少见的聚合物种类有：

- **聚碳酸酯（PC）**：一类化学结构中包含碳族元素的热塑性聚合物，容易加工、模压和热成型。
- **聚甲基丙烯酸甲酯（PMMA）**：也称为亚克力，是一种透明的热塑性材料，常制成薄片状充当轻型防碎的玻璃替代品。

- **热塑性聚氨酯（TPU）**：二异氰酸酯和二醇反应生成的一种共聚物。TPU 因其热塑性和冷后韧性，常被用于制作家畜身上的特异性可追溯耳标。
- **聚酰胺纤维（尼龙）**：用于制作单丝钓鱼线和缠绕网（全球幽灵渔具倡议，2021），并可与高密度聚乙烯共同挤压制成某些农药的容器。
- **丙烯腈-丁二烯-苯乙烯共聚物（ABS）**：一种不透明、易加工成型的热塑性聚合物，用于制作渔网浮子等硬质制品。

  生物可降解聚合物：

- **聚乳酸（PLA）**：一种热塑性聚酯，经常由生物基乳酸前体加工而成，用于制作地膜、麻线、渔网和单丝钓鱼线。
- **聚羟基脂肪酸酯（PHA）**：多种微生物以糖、淀粉、甘油、甘油三酯或甲烷为原料自然产出的一类生物可降解塑料。PHA 因其物理特性而有望成为聚乙烯和聚丙烯的替代品。艾伦·麦克阿瑟基金会在一篇题为《新塑料经济：重新思考塑料的未来》（2016）的会议报告中，将 PHA 列为聚烯烃以及聚对苯二甲酸乙二醇酯、聚苯乙烯和聚氯乙烯的潜在替代品（艾伦·麦克阿瑟基金会、世界经济论坛和麦肯锡公司，2016；Tullo，2019）。
- **聚丁二酸丁二醇酯（PBS）**：聚酯家族中的一种热塑性聚合树脂，是一种生物可降解聚酯，其性质可类比聚丙烯，同样具有高耐热性。
- **淀粉混合物**：淀粉（多糖）与其他生物可降解聚合物和添加剂（低分子塑化剂）的混合物，除淀粉外的其他成分能够提升淀粉的机械完整性、热稳定性和吸湿性（Encalada 等，2018）。
- **聚己二酸对苯二甲酸丁二醇酯（PBAT）**：一种脂肪族-芳香族共聚酯，其机械特性与 LDPE 相似（Jian、Xiangbin 和 Xianbo，2020）。
- **聚己内酯（PCL）**：一种线性半结晶脂肪族聚酯疏水聚合物，常掺混进淀粉基底的生物可降解塑料中（Encalada 等，2018）。

农用塑料制品中用到的各类聚合物请见表 2-1。从数量上看，农业领域排名前三的主要聚合物分别为 PE（高密度与低密度）、PP 和 PVC（循环塑料联盟农业工作组，2020；欧洲塑料制造商协会，2020；Sarkar 等，2019）。

2.2 塑料制品的种类及其应用

塑料制品广泛应用于种植业、畜牧业（饲料和动物护理）、渔业和水产养殖业等多个领域。此外，塑料制品还在分销、零售等环节中得到系统的使用，用以保护和保持农产品的质量。

塑料制品在全球范围内广泛使用，不过塑料的类型和使用程度会因所在

表2-1 农用塑料制品及其常见的聚合物原料

作物生产

聚合物包膜肥料
PE、EVA、LDPE、纤维素

肥料袋
PP

柔性集装袋
PP

育苗穴盘
PP、PE、EPS

育苗盆盘
PP、PE

地膜
LDPE、PVC、PLA/PHA

无纺织物
PP、聚酯

温室大棚和小拱棚
多层LDPE/EVA 薄膜、硬质PC

遮阴棚和防护网
HDPE

滴灌带
HDPE、LDPE、PVC

灌溉管
PE、PVC

支撑夹和支撑绳
HDPE、PVC、合成橡胶和
生物可降解材料

密封储存袋
LDPE

农药容器
HDPE、PET 共同挤压形成的聚合
物混合物

可重复使用的柳条箱
HDPE

（续）

林业		
护树保护罩 PP	电锯燃料容器 HDPE、PP	树标和保护绳 PVC、合成橡胶

畜牧生产		
耳标 热塑性聚氨酯	料仓罩 HDPE	捆草网和麻绳 HDPE、PP
青贮管道 LDPE	麻绳 PP、PP	包膜青贮打捆网 LDPE

捕鱼和水产养殖		
保温渔获箱 EPS、EPE泡沫和PP	绳 PE、PP	捕鱼网 PE、尼龙

地区和国家的机械化水平、供应链长度和出口依赖程度有所差异。通常情况下，薄膜的使用量在农用非包装塑料中居于首位（见第3章）。

表2-2总结了经常使用塑料制品的几种主要农业类型和农业活动，以及相应的塑料类型。本研究涉及的所有塑料制品汇总在附录的价值链表里。

表2-2　使用农用塑料制品的农业活动

农业类型	农业活动	塑料制品举例
种植业	播种	种子容器/袋子、种子包衣、种植盆、育苗盘
	培育	地膜、棚膜、无纺防护"抓毛绒"、防护网、植物支撑绳和夹子、农药容器、肥料容器、聚合物包膜肥料、水培袋和水培基板缠绕膜、支架/支柱、喷雾罐、个人防护装备
	灌溉	滴灌带、管道、滴管器、池塘衬垫和水沟衬垫
	收割和运输	盒子、分格箱、托盘、保温箱
	观赏植物	花盆、夹子、支架、标签、托盘、支柱、绳子、塑料包覆线、软塑料种植袋、地膜或地布（比如放在育苗容器内）、农药容器和个人防护装备
	储存	密封袋
畜牧业	饲料和饲草生产	肥料容器、聚合物包膜肥料、种子容器、青贮饲料膜、捆草袋、捆草绳和捆草网、饲料袋、个人防护装备
	动物护理	分格箱、耳标、塑料瓶、药物和卫生用品容器、地膜、个人防护装备
林业	种植园管理	控释肥料及其包装容器、作物防护工具、护树架、地膜、农药包装容器、电锯燃料和润滑剂容器
渔业	海洋捕捞	渔网、捆绳、浮子、鱼笼、绝热箱、人工集鱼装置、浮标、诱饵袋和一般垃圾容器
	水产养殖	浮子、捆绳、笼子、渔网、绝热箱
农产品加工	加工农业产品	袋子、分格箱、盒子、薄膜和托盘
分销和消费	分销	分格箱、衬垫、盒子、薄膜和托盘
	零售	分格箱、衬垫、盒子、薄膜和托盘
	消费	分格箱、衬垫、盒子、薄膜和托盘

资料来源：粮农组织，2021。

2.3 在农业中使用塑料制品的效用

塑料质地轻、防水和耐用的特性使其在全球水陆种植业和畜牧业部门得到广泛应用；塑料在农业中的使用在过去70年里发展迅猛。这种将塑料制品用于作物种植的做法通常被称为"塑料栽培"（Orzolek，2017）。

在农业活动中使用塑料有很多好处，包括（见表2-3）：

减少用水需求——通过使用地膜减少土壤和灌溉系统（通过管道和滴灌管将水分精准运送至作物根系）的水分蒸发。

促进种子发芽和种植——通过使用育苗盘和育苗盆来实现；种子披衣可以提高种子的发芽率和存活率。

减少除草剂的使用——通过使用地膜防止杂草生长。

延长作物生长季节，保护作物免受极寒天气和阳光直射的影响——通过使用温室或塑料大棚和隔热无纺"抓毛绒"来实现。

提高粮食产量——通过结合塑料在减少土壤水分流失、减少杂草生长、稳定温度、延长生长季节、包裹控释肥料等方面的效用促进植物养分的释放。

减少动物侵害——通过在幼苗周围安装半刚性防护装置来实现。

促进用于制作动物饲料的草类发酵——通过使用青贮饲料膜来实现。

使用捆网、捆绳和浮子——限制并捕获水生生物，如鱼类和甲壳类。

减少粮食损失——在从农场到加工再到配送和消费的温控供应链中，使用专门设计的塑料制品（如可堆叠的物流箱）避免粮食损失。

保障生鲜产品的质量——通过使用保温箱或保温包装来实现。例如，用于把捕获的鱼类从捕获现场运到加工厂，再到本地批发市场和零售商户。

优化产品运输所需的成本和燃料——通过使用轻量化包装将成品分发或售卖给消费者。

向消费者传递产品信息——通过使用标签向用户和消费者完整传递产品的相关信息或说明事项。

2.4 部分塑料制品的预期使用寿命

尽管大多数农业用塑料制品的有效使用寿命会因其应用场景和使用地区而存在差异，但大多是一次性用品，绝大多数塑料制品在12个月内会报废。图2-2展示了部分塑料制品在不同农业场景的使用寿命。这些制品的使用寿命是基于对不同农业实践的评审和对农业专家的采访估算而来的。

表2-3 农用塑料制品效益总结

塑料制品类型	效 益	效益规模/参考文献
作物种植		
用于园艺和果树种植的地膜	• 提高作物产量	与无地膜覆盖的对照组相比，中国不同地区四种大田作物的平均产量提高了24.3%（Gao等，2019）； 热带果树产量提高了12% ~ 64%（Bhattacharya、Das和Saha，2018）。
	• 提升用水效率	与无地膜覆盖的对照组相比，中国多个地区四种作物的平均用水效率提高了27.6%（Gao等，2019）。
	• 提前收获时间 • 控制土壤温度和湿度 • 减少土壤营养流失 • 控制杂草生长、减少除草剂使用 • 减少暴雨导致的土壤流失	Bhattacharya、Das和Saha，2018；Kader等，2019。
肥料聚合物包膜	• 提高作物营养吸收效率 • 减少排放和营养流失的风险	Gil-Ortiz等，2020。
聚合物种子包衣	• 促进种子发芽和生长	AMEC Foster Wheeler公司，2017；Su等，2017。
	• 包膜中的农药有助于幼苗存活	Accinelli等，2019；Rayns等，2021。
温室、网室	• 延长作物生长季节和植物生长期，控制作物生长环境 • 减少农药使用	Bartok，2015；Sangpradit，2014。
预防天气灾害的产品（遮阳网和防雹网）无纺防冻制品	• 延长作物生长季节和植物生长期 • 提高产量和作物营养价值 • 保护作物免受极端天气影响 • 提高水资源利用率 • 避免有害的太阳辐射	Lopez Marin和Josefa，2018。
防虫水果保护网袋农药浸润香蕉套袋	• 减少农药喷洒 • 提升作物产量，促进作物生长 • 水果品质更好、价值更高	病虫害防护率达80%；物理防护，如气象灾害（Sharm、Reddy和Jhalegar，2014；ProMusa，2020）。
滴灌工具	• 直接、精准灌溉 • 水资源利用效率高	提高水资源利用效率30% ~ 40%（Nikolaou等，2020）。
农药容器肥料袋	• 在运输、储存和使用过程中安全隔离农药，最大限度降低暴露风险 • 容器上印有安全使用说明	国际作物生命协会，2015；粮农组织和世界卫生组织，2008。

（续）

塑料制品类型	效　益	效益规模/参考文献
灌溉用刚性管和半刚性管	● 管道耐用、经济性高，可用于直接、精准灌溉	Fattah 和 Mortula，2020。
重复使用型可嵌套/可堆叠塑料分格箱	● 减少收获粮食后的运输和储存损失	使用分格箱替代麻袋，使水果和蔬菜的损失降低了43%～87%（粮农组织，2019b）。
密封袋、塑料谷物储存筒仓	● 减少储存损失 ● 延长农产品保质期	在乌干达，玉米和豆类可以多储存1.5个月，因此可改善粮食安全，并允许这些农产品在淡季以更高的价格上市，从而增加农民的收入（Baributsa 和 Ignacio，2020；粮农组织，2019b）。
畜牧业		
耳标	● 实现牲畜的终生追溯、跟踪和监控	Bowling 等，2008。
青贮饲料膜和管道	● 促进青贮饲料发酵 ● 无需搭建青贮堆	Bisaglia、Tabacco 和 Borreani，2011。
塑料隔热箱和塑料隔热盒	● 保障分销渠道肉类的质量 ● 减少粮食损失和浪费 ● 保障食品安全	
林业		
护树工具	● 促进形成有利于树木快速生长的微气候 ● 防止放牧家畜破坏树木	与有保护种植的树木相比，无保护种植的树木存活率差异度更大，前者是67%～100%，而后者是2%～9%（Chau等，2021；林业委员会，2020）。
渔业		
水产养殖围栏	● 耐用围栏	全球幽灵渔具倡议，2021。
渔网和鱼线	● 重量轻，能见度低，在水中经久耐用	Strietman，2021。
塑料隔热板条箱和塑料隔热盒	● 保障分销渠道鱼类的质量 ● 减少食物损失和浪费 ● 保障食物安全	全球幽灵渔具倡议，2021。
分销和零售		
零售包装（托盘和食物保鲜膜）	● 在零售过程中保障食品的质量和安全 ● 减少粮食损失与浪费	欧盟，2020。

资料来源：粮农组织，2021。

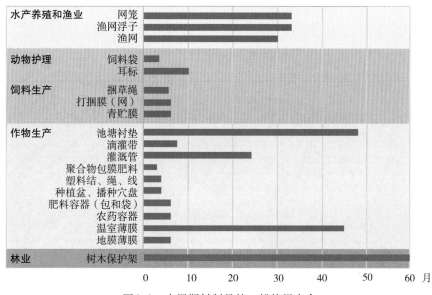

图2-2　农用塑料制品的一般使用寿命

资料来源：粮农组织，2021。

2.5　小结

当前，塑料产品已广泛应用于几乎所有的农业环境，在提高作物产量、动物营养、用水效率和减少粮食损失等方面提供了效益。制作塑料所用的聚合物原料和生产塑料的方式方法也可以根据预期用途来进行定制，从而赋予各种塑料制品特定的功能特性。这也意味着在同一或不同农业部门中，不同塑料制品间可存在较大差异。

此外，塑料制品的最终使用寿命也取决于它们的应用场景。除了某些采用耐用结构的产品，大多数塑料制品都是使用寿命低于一年的一次性用品，这一因素将影响处置废弃塑料制品的方式。

3 农用塑料制品的类型和数量估计

3.1 农用塑料制品的数量估计

一般而言，全球各农业部门投用塑料量的数据并未被全国性或国际性调查所记载，所以相关数据需要从多种不同渠道收集。本文所用数据尽可能取自经同行评审的科学论文、国际组织、贸易机构以及与粮农组织和行业专家的深入研讨等公开来源。尽管笔者尽量全面地解释推衍数据，但是依据不同数据源估算的总量并不总能保持一致，数据区间可能会重叠，各数据集所涵盖的塑料制品种类也不尽相同。

大多数数据源将农用塑料定义为在价值链生产阶段投用的塑料。关于农业价值链中后阶段投用的塑料制品的数据，往往难以从总体包装废弃物中剔除，也难以将这类塑料制品的数量归于具体的农业价值链。

此外，由于部分塑料制品的使用寿命长于一年，年度估算值可能无法完整反映这些塑料的总体周转量。在这种情况下，我们假定供需平衡，并且总体上相关部门没有显著增长或收缩。不过，由于大多数塑料制品在使用寿命终期会被替换，年度生产量和使用量的估计值可以反映每年待处理废弃塑料的总量。

3.2 全球估计值

全球各区域农业粮食价值链上投用塑料数量的数据非常有限，定义不够完备，而且往往比较陈旧。

3.2.1 用于农业生产的塑料

根据Sintim和Flurry（2017）等人研究，全球每年用于陆地农业生产的塑料膜估计在740万吨，约占近期全球塑料生产估计量（3.59亿吨）的2%（欧洲塑料制造商协会，2019）。在欧洲，作物生产和畜牧生产中75%的塑料制品为塑料膜（欧洲农业、塑料与环境协会，2019）。因为缺乏其他地区的相关数据，我们利用欧洲的这一比例，估算出其他类型农用塑料制品（如灌溉带和灌溉管、捆扎绳和打包网）的全球用量在每年250万吨。由于数据来源不一定——列明统计涵盖的农业价值链，所以用于农业生产的塑料数量可能被低估。

因此，在本报告中，我们假设陆地作物生产和畜牧生产的塑料用量为大约1 000万吨。

另外，捕鱼和水产养殖的塑料用量每年大约为210万吨，这一数字从有限且常有争议的行业塑料入海量年度数据推算中得出（见第3.4.5节）。目前没有陆地废弃渔具的数据，所以这一数字很可能低估了实际使用量。

在林业部门，估计有23万吨塑料用于生产护树架（见第3.4.4节）。据我们估计，每年另有大约10万吨塑料用于生产控释肥的聚合物包膜（见第3.4.3节）。

因此，在下文中，我们将全球每年用于农业生产的塑料总量估为**1 250万吨**，接近2018年全球塑料生产量3.59亿吨的3.5%（欧洲塑料制造商协会，2019）。上述数字在图3-1中展示。

图3-2展示每年农业价值链上的塑料总用量。

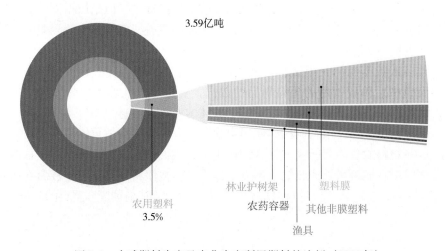

图3-1　全球塑料生产及农业生产所用塑料的比例（2018年）

资料来源：欧洲塑料制造商协会2019年全球塑料产量；本研究推算的1 250万吨基于文中所涉数据源和假设。

3.2.2　用于价值链下游的塑料

农业粮食价值链生产和消费之间的环节（即储存、加工、运输、分销）的塑料使用量没有具体数据。

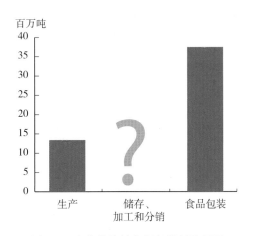

图3-2 农业价值链上每年塑料使用量

资料来源：本文作者的估计基于欧洲农业、塑料与环境协会，2019；艾伦·麦克阿瑟基金会，世界经济论坛和麦肯锡，2016；Geijer，2019；欧洲塑料制造商协会，2019；Sintim和Flurry，2017。

不过，利用已有数据可以估算农产品消费环节的塑料使用量。据艾伦·麦克阿瑟基金会估算，2016年全球塑料产量的26%用于包装（艾伦·麦克阿瑟基金会、世界经济论坛和麦肯锡，2016）。只是该数据没有进一步分解，无法得知用于农业产品包装的比例。农产品包装所用塑料量存在可用数据的唯一区域是欧洲，在欧洲40%的消费者包装与食品包装相关（Geijer，2019）。

虽然其他区域的包装使用情况无法从欧洲的情况直接推出，但由于缺少更准确的数据，只能在欧洲的比例和麦克阿瑟基金会数据的基础上，假设食品包装塑料使用量占全球塑料生产量的10.4%。在此基础上，再考虑上述第3.2.1节的2019年全球塑料生产数据，可以估算全球3 730万吨塑料用于食品包装。

3.3　区域估计值

区域估计值由多个数据源推算，因而数据无法标准化，不同区域之间也不完全可比。为更深入了解不同区域农用塑料相关的课题和优先事宜，这些方面还需要进一步研究。

多位学者认为，亚洲是全球农业塑料制品使用量最大的地区，消耗了全球将近70%的塑料膜制品（Jansen、Henskens和Hiemstra，2019；Le Moine，2018；欧洲塑料制造商协会，2019）。以塑料膜为例，全球不同地区在农用塑料使用量规模的差异如图3-3所示。

因为亚洲的使用量预期上升，到2030年塑料膜使用量预计将增长54%，地膜最低厚度增加是塑料膜使用量上升的原因之一。

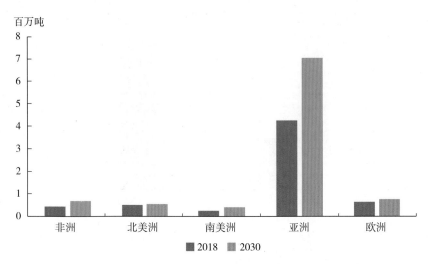

图3-3　不同地区农用塑料膜的使用情况

资料来源：数据基于Le Moine，2018。

3.3.1　欧洲

2018年，欧盟28+2国家[①]的农业部门约使用174万吨塑料，约为全欧洲塑料加工商塑料需求（5 120万吨）的3%～4%（欧洲塑料制造商协会，2019）。主要类型为聚丙烯、聚乙烯，聚氯乙烯紧随其后。上述数字也包含用于收获和运输的塑料包装。

据欧洲农业、塑料与环境协会（2019）统计，约有71万吨农用塑料用在非包装用途，其中44%用于作物生产，56%用于畜牧生产（图3-4）。

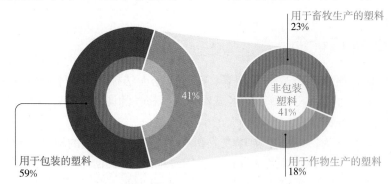

图3-4　欧洲用于包装和不用于包装的农用塑料使用情况

资料来源：欧洲农业、塑料与环境协会，2019；欧洲塑料制造商协会，2019。

---

① 截至2020年1月30日，欧盟有28个成员国，以及挪威、瑞士两国。

从欧洲农用塑料制品类型看，63%的非包装塑料制品用于青贮饲料和地膜（即45万吨），16%用于搭建温室，11%用作捆扎绳，6%用作灌溉设备，1%用作打包网（欧洲农业、塑料与环境协会，2019）（图3-5）。

从各国统计数据看，以意大利的陆地农业生产为例，每年塑料制品使用量接近37.2万吨（图3-6）。

畜牧生产
约40万吨

作物生产
约31万吨

图3-5　欧洲畜牧生产和作物生产的塑料使用情况

资料来源：欧洲农业、塑料与环境协会，2019。

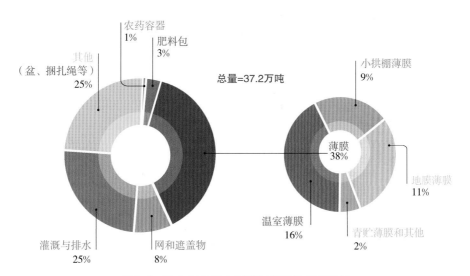

图3-6　意大利各类农用塑料制品的相对数量

资料来源：Scarascia-Mugnozza、Sica和Russo，2011。

从塑料制品的分布情况可以看出，在意大利农业部门中，园艺占据主导地位，而在该国的畜牧生产中，青贮饲料的使用量不大。

3.3.2 非洲

目前没有针对非洲大陆各类农用塑料使用情况的具体评估，但可以找到关于特定几个国家的相关数据。例如，2019年，**南非**农业部门消耗15.2万吨塑料，占全国塑料总用量的10%。聚乙烯占农用塑料使用量的52%，聚丙烯紧随其后（34%）。总体上，11%的塑料回收物（主要为高密度聚乙烯和聚氯乙烯）来自农业部门，用于制造灌溉设备和护栏杆（Pretorius，2020）。

3.3.3 亚洲

中国是亚洲最大的农用塑料使用国（和生产国），每年消耗至少520万吨农用塑料，其中包含300万吨塑料薄膜（中国农业科学院和农业农村部，2020）和200万吨灌溉设备（Zen，2018）（图3-7）。据国际作物生命协会估计，中国每年农药容器产量达15万吨（Ward，2020）。

据中国政府研究人员统计，不到10%的塑料薄膜用后得到回收利用（路透社，2019）。

农用塑料的数量预计将会上升，原因是中国引进了新的温室大棚，新标准要求使用更厚的地膜，也更加依赖地膜技术。控释肥料的用量预计也将上升，特别是在中国，因为中国已经成为世界上主要的商品农业市场和农作物市场（埃信华迈，2020）。

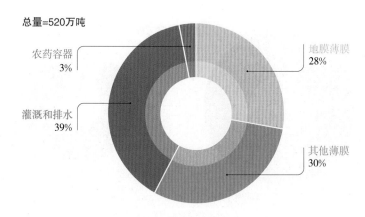

总量=520万吨

农药容器 3%

灌溉和排水 39%

地膜薄膜 28%

其他薄膜 30%

图3-7 中国各类农用塑料制品的年使用量

资料来源：数据基于Zen，2018；国际作物生命协会个人通讯，2020；中国农业科学院和农业农村部，2020。

2017年，**韩国**农业领域消耗至少32万吨塑料（包含低密度聚乙烯薄膜、高密度聚乙烯、聚氯乙烯和其他塑料），其中聚乙烯占总用量的97%（Ghatge等，2020）。

3.3.4　拉丁美洲

在拉丁美洲，农业部门每年使用24万吨塑料薄膜（Le Moine，2018），大部分用于地面覆盖或搭建拱棚，覆盖面积达到20万公顷。其中，巴西的覆盖面积占比最大。青贮膜用量约6万吨，占剩余塑料薄膜用量的大头（伊比利亚美洲农业塑料发展与运用委员会，2018）。

3.3.5　北美洲

北美洲农用塑料使用量的数据有限且相互一致性较差。Le Moine（2018）指出，北美地区每年使用49万吨塑料薄膜（温室、地面覆盖、青贮和储存）。Jones（2014）引用2012年的市场研究数据，数据估算**美国**农用塑料使用量为28万吨。

加拿大农用塑料废弃物约为4万吨/年（Friesen，2017），其中青贮薄膜占比很高。拉瓦尔大学学生参与的一项创新项目指出，魁北克地区一年使用的农用塑料量是1.1万吨，其中69%是青贮薄膜。青贮薄膜的回收利用率估计在20%至40%（魁北克可回收材料组织，2021）。Friesen（2014）指出，在萨斯喀彻温省，79%的青贮包膜和85%的捆扎绳用后即在田间焚毁。

3.3.6　大洋洲

在澳大利亚，农业塑料制品使用量接近8.28万吨，占全国塑料制品使用量的23%，其中7.1%得到回收利用。农用塑料以软膜、捆扎绳、绳子和灌溉管为主。聚乙烯（高密度与低密度）占所有农用塑料用量的81%，聚丙烯（8%）紧随其后（O'Farrell，2020）。

3.4　全球塑料制品估计量

许多农业领域和农业供应链缺乏塑料制品使用量的公开数据。关于因无意释放或不当处理而泄漏至环境中的塑料数量，也缺乏公开数据。

鉴于现有相关数据相对匮乏且一致性低，我们难以对不同区域价值链上塑料制品的使用量进行量化比较。表3-1概括了需要进一步研究和数据挖掘的领域。

按照主要农用塑料制品类型划分，可以将全球使用量分为三大部分（第3.2节）。地膜薄膜、青贮薄膜和温室薄膜占总量的60%，渔业用塑料制品占16%（图3-8）。具体的塑料制品将在后续章节中深入分析探究。

表3-1 农用塑料制品数量的数据源

版块	薄膜类型	数量或使用情况	泄漏情况
作物生产	薄膜	有国家和区域数据。	仅用部分国家级案例数据。
饲料	捆草网或青贮	无具体数据。	无具体数据。
热带农业（香蕉种植）	塑料袋	有部分场景数据。	无具体数据。
畜牧业	耳标等	无国家和区域数据。	无具体数据。
林业	树木保护罩	本报告作出测算（见第3.4.4节）。	无具体数据。
捕鱼业和水产养殖	渔具	生产和使用数据十分有限。	部分领域存在有限数据（Richardson等，2021；Richardson、Hardesty和Wilcox，2019）。
多领域	农药容器	有国家数据。	可以从国家回收和循环利用数据推算。

颜色编码：绿色=有数据；琥珀色=有限数据；红色=无具体数据。
资料来源：粮农组织，2021。

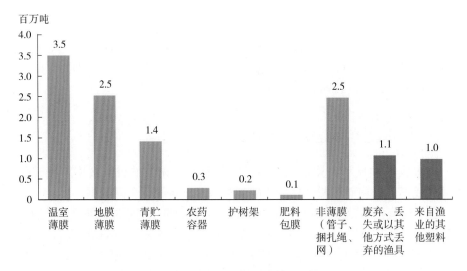

图3-8 全球每年农用塑料估计量

资料来源：数据来自欧洲农业、塑料与环境协会，2019；Le Moine，2018；Sintim和Flury，2017；以及我们在第3.2节的估计。

基于文献分析和本报告所引估计量，可以比较用于不同陆地农业生产的每公顷塑料使用量（图3-9）。关于温室薄膜等耐用塑料制品，图3-9考虑的是总投产量，而关于使用寿命较短的塑料制品，考虑的则是一年内的总量。值得注意的是，温室薄膜和地膜薄膜的数据来自Sanchez（2020），而香蕉种植园所用塑料袋的量推衍自与粮农组织专家的个人交流。灌溉带、聚合物薄膜控释肥、树木保护罩和捆草网的数据则基于作者的估计。塑料耳标的数据基于放牧家畜意外走失率测算。

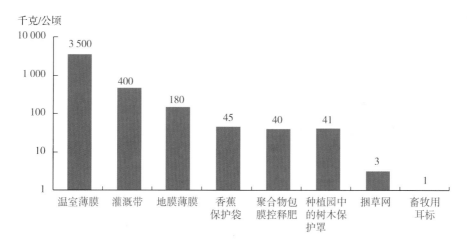

图3-9　每公顷土地所用农用塑料数量的估值

资料来源：改自Sanchez（2020）和粮农组织（2021）。

3.4.1　塑料薄膜和地膜

塑料制品在陆地种植园农业中的广泛使用（又称作塑料栽培），带来了不少好处，包括提高作物产出，节约农业化学品和肥料等农业投入，提升灌溉效率等。但塑料制品的使用也带来了环境污染、温室气体排放、土壤污染等方面的代价（详见第4章）。

多数研究者将薄膜（包含地面覆盖、温室、遮光网等）视作地面农业系统农用塑料的最大"家族"，因为根据Sintim和Flury（2017）数据，地膜薄膜占了总量的40%。全球农用薄膜市场规模预计将从2018年的610万吨上升至2030年的950万吨，涨幅50%（图3-10）（Le Moine，2018）。

从塑料薄膜看，预计农业薄膜47%的需求将用于温室、34%用于塑料地膜、19%用于青贮，因而至少50%的农用薄膜使用寿命不超过一个耕作季（Le Moine，2018）。

温室大棚每年消耗接近300万吨塑料薄膜，是种植业生产中塑料薄膜消耗量最大的环节（Le Moine，2018）。

温室大棚、大拱棚和小拱棚，在温带地区被用于延长植物生长季，在热带地区则能助力雨季或季风季的作物生产。塑料温室和大拱棚的使用集中在亚洲地区（中国、日本和韩国）和地中海盆地，亚洲拥有全球80%的温室覆盖面积，而地中海则占15%。

从数量看，地膜薄膜是农用塑料薄膜使用的第二"大户"，全球每年用量超过200万吨（Le Moine，2018）。低密度聚乙烯是地膜薄膜的主要原料（Sarkar等，2019）。为了应对环境问题和非生物可降解塑料的处理问题，由可降解塑料制成的地膜薄膜应运而生，包含生物可降解塑料和氧化降解塑料，后者因为存在微塑料污染风险而在部分地区被禁。生物可降解塑料的表现和标准将在第6.4.3节中讨论。

保护网是植物种植中使用的另一类塑料制品，用以保护作物（特别是水果）免受冰雹、强风、降雪和强降水的影响，或者为作物遮蔽强烈光照。保护网制造中运用最广泛的原材料是高密度聚乙烯（HDPE）。相关数量不包含渔具。

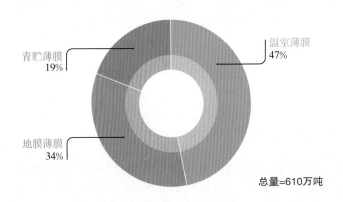

图3-10　全球2018年农用塑料薄膜使用情况

资料来源：取自Le Moine，2018。

如能知悉各地区农用塑料薄膜的绝对数量和永久耕地面积，就能够推算塑料薄膜在不同地区的使用强度（见图3-11）。南美洲和北美洲使用强度最低，可能是因为便利的商业农业；而非洲地区的低使用强度则可能与较差的基础设施和本地农民较低的购买力有关。塑料薄膜需求最旺盛的地区是欧洲、大洋洲和亚洲。

插文 1 案例研究——西班牙园艺中的塑料薄膜废弃物

在西班牙南部的农业省阿尔梅里亚，广泛的园艺种植消耗大量的塑料薄膜用作温室和地膜，覆盖面积达到3.1万公顷。大约15%的塑料薄膜没有得到适当的回收利用或处理（Sanchez，2020），并被非法丢弃于土壤中或非法焚毁。园艺吸纳了5万就业人口，每年创造28.8亿美元的出口额。

在阿德拉市的牵头下，几座地级市发起"白色承诺"倡议，旨在100%回收温室大棚产生的塑料。

温室和地膜对比	温室	地膜薄膜
每公顷塑料重量（千克）	3 000	250
使用寿命（年）	3～5	3～5
废弃物特征	高密度，干净	低密度，带有大量土壤和植物残体
每年废弃物数量（千克/公顷）	600	250～500
回收利用收入/处理成本（美元/公顷）	100	40～80
塑料废弃物目的地	未知（此前出口至中国实现回收利用）	分类和有限的回收利用、处理*

*数据收集早于中华人民共和国政府垃圾进口禁令。

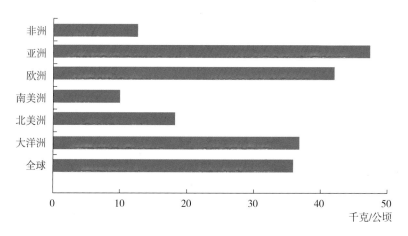

图3-11 各地永久耕地上每年的塑料薄膜使用量

资料来源：2018年数据来自Le Moine，2018；耕地数据来自粮农组织统计数据库。

3.4.2 农药容器

"国际农药管理行为守则"（下称"守则"）将农药定义如下："用于驱赶、消灭或控制任何有害生物，或调节植物生长的化学合成或天然的一种物质或多种物质混合物"（粮农组织和世卫组织，2014）。这一守则为各行业制定了农药管理的自律标准，目的是确保在正确使用必要农药的过程中实现其正面效应的同时，避免对人体健康、动物健康和环境造成显著负面影响。

除去其他标准，守则及其配套的技术文件还为农药容器的设计和管理制定了自律标准（粮农组织和世卫组织，2008），目的是保护农药使用者、社会公众和环境免受不必要的农药暴露。

根据国际作物生命协会（2021）数据，2019年至少有33万吨农药初级包装进入市场。图3-12展示了按塑料重量口径，农药容器在各地区的分布情况，其中占比最高的是亚洲（46%）和拉丁美洲（29%）。

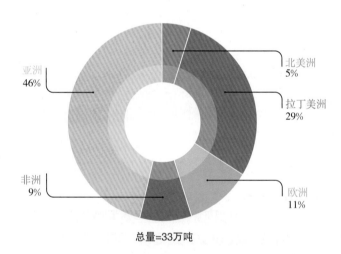

亚洲
46%

北美洲
5%

拉丁美洲
29%

非洲
9%

欧洲
11%

总量=33万吨

图3-12 各地农药初级包装比例

资料来源：国际作物生命组织，2021b；数量包含废塑料包装。

国际作物生命组织监测近60国的容器管理项目的数据。这些项目总共回收了全球30%的空农药容器。

图3-13是各地区回收的空农药容器与进入市场的新容器的比例。

亚洲的估计量低于实际数量，因为关于农药容器回收和循环利用的信息非常有限。

在得到回收的容器中，接近83%被循环利用，这意味着当容器管理项目就位时，塑料的循环利用率也随之提升。

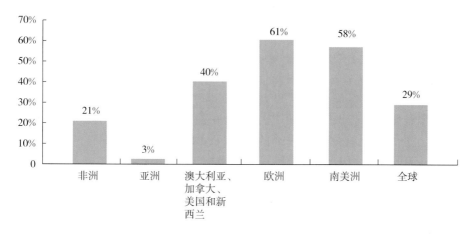

图3-13 2019年各地区农药包装的回收率

资料来源：国际作物生命组织，2021b；包含非塑料包装。

3.4.3 控释肥料的聚合物包膜

矿物肥料是全球粮食安全的必要组分，助力实现满足全球一半以上人口温饱需求的粮食生产水平（欧洲化肥协会，2020b）。

聚合物包膜控释肥（PCF）以利于植物吸收的优化速率释放养分，同时能够避免因渗漏或径流而造成的养分流失。例如，相较于使用传统肥料的情况，在稻米种植中使用控释肥能够将产量提升24%（Gil-Ortiz等，2020）。

在欧盟国家，每年有8 000吨的聚合物用于制作包膜控释肥。由此数字我们可以推算[①]全球每年约6.7万吨聚合物被用于包裹44万吨控释肥（阿美科福斯特惠勒环境与基础设施公司，2017）。

聚合物还用于包裹种子和农药制剂（Dubey、Jhelum和Patanjali，2011）。

3.4.4 林业和种植业

树木保护架和保护罩是裹在新种植树苗周围的半刚性管，用于支撑固定树木，主要用聚丙烯（未穿孔或穿孔的网状结构）制成，不过也可用其他材料制造。护树架用在种植园、葡萄园和果园，不过使用情况依树种和气候条件有所差异。关于树木保护架（罩）没有确切的数据，因而只能根据粮农组织关于种植园的数据（粮农组织，2020a）以及不同气候带典型种植密度和成熟时间进行推算估计。总体上，每年有2.3万吨塑料用于制造树木保护架（罩）。

---

① 假设欧洲肥料市场中控释肥的比例（阿美科福斯特惠勒环境与基础设施公司，2017）可以适用到2.51亿吨的全球肥料市场（欧洲肥料协会，2020b）。

3.4.5 用于渔业和水产养殖的塑料

塑料广泛应用于渔业和水产养殖。目前没有具体数据源能够提供全球渔业和水产养殖行业中各类塑料的估计量。不过，Sherrington等人（2016）通过比较不同研究（区间为每年30万吨至380万吨）得出因渔业活动而泄漏至海洋的塑料数量，在此基础上可以估计出该数字每年为210万吨。这一数字包含废弃、丢失或以其他方式丢弃的渔具（ALDFG）。Richardson、Hardesty和Wilcox（2019）对ALDFG相关的68篇文献（1975年至2017年）进行回顾和元分析，由此估计每年5.7%的渔网、8.6%的鱼梁和29%的钓鱼线会泄漏进入海洋。

ALDFG的历年估计量在64万吨至150万吨这一区间内（皮尤慈善信托基金会和SYSTEMIQ公司，2020）。近期的研究突显了估计ALDFG的复杂性，指出了缺位数据，审视了经常被引的估计数字，并对完善ALDFG报告提出了建议（海洋环境保护科学问题联合专家组，2021；Richardson等，2021）。虽然有上述种种质疑，但由于缺少更准确的数据，本报告依然使用历年数据，推算得出每年ALDFG的数量为110万吨。

插文2　挪威捕鱼业和水产养殖中的塑料使用情况和泄漏情况

挪威的水产养殖行业高度依赖各类塑料设备和投入，养鱼厂每年使用接近19万吨塑料，相当于2015年每吨收获的鱼消耗接近1.3千克的塑料（Sundt，2020）。

用于水产养殖的塑料设备中，每年有2.5万吨被丢弃，主要是浮圈和塑料管，但也有渔网、投食管和绳子，相当于每收获1吨鱼就要废弃0.18千克塑料。

Sundt（2020）指出，挪威正在研究针对捕鱼业、水产养殖和娱乐性垂钓等活动中使用的渔具和其他设备，推出生产者责任延伸制度。

Sundt 和 Syversen（2014）指出，2011年，挪威渔业和水产养殖每年产生 1.55万吨塑料废弃物，其中仅有23%被循环利用，而剩余77%的塑料废弃物的准确去向无从得知。不过两位学者评论道，作为垃圾泄漏入海洋中的比例"似乎很高"，这一比例可能高达65%。每年塑料废弃物中主要有7 000吨聚乙烯水产养殖网箱（45%）和4 500吨捕鱼网和水产养殖网（26%）。

3.5 小结

每年约1 250万吨塑料制品用于农业生产，其中薄膜约占总量的60%。总体上，蔬菜、水果、作物和畜牧等领域使用的塑料制品最多，每年共计使用1 000万吨塑料，渔业和水产养殖紧随其后，林业再次之（图3-14）。这也意味着土壤是农用塑料制品的主要承载者，无论是正常使用的塑料还是使用寿命临近结束的塑料。

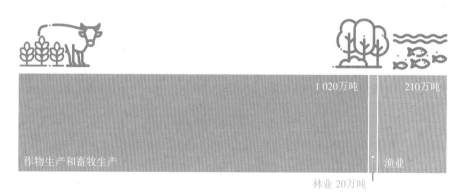

1 020万吨   210万吨

作物生产和畜牧生产   渔业

林业 20万吨

图3-14　全球每年农用塑料使用量的估计量

资料来源：概括自图3-8数据。

虽然各地区相关数据有限，但是截至目前，亚洲被认为是使用农用塑料制品最多的地区，仅中国一国每年就消耗至少600万吨。总体而言，亚洲农用塑料需求预计将会进一步增长，原因是增长的粮食需求推动了对温室和地面覆盖的需求。气候变化适应举措和全球人口的增长也可能增加农用塑料使用量。

从全球农业生产所用塑料制品类型看，地膜薄膜、青贮生产和温室大棚占全球总量的50%，渔具则占总量的17%。从陆地使用率看，估计每公顷耕地使用温室薄膜3 500千克、灌溉带400千克、地膜薄膜180千克、其他类型塑料制品共计不高于45千克。

这些估计量指明了需要进一步深化研究的农业领域和塑料制品类型，以及为了减少塑料的环境影响需要优先研究的机制。

4 塑料产生的危害

　　无论预期用途如何，塑料一旦被应用到环境中都会造成危害（世界自然基金会、艾伦麦克阿瑟基金会和波士顿咨询集团，2020）。这种危害贯穿塑料制造、使用和淘汰的全过程。塑料制品对生态系统既能造成间接危害（如在塑料制造和运输过程中温室气体的扩散排放），也能引发直接危害（如对土壤功能和食草动物健康造成的局部不利影响）。

　　由于大多数塑料是由石油衍生品前体制成，因此塑料与大量温室气体的排放息息相关。最近的估计表明，2019年全球因塑料产生的温室气体排放量约为8.6[①]亿吨二氧化碳当量（CO_2-eq）（相当于189座500兆瓦燃煤发电站的二氧化碳排放量）；如果塑料的消费和使用以当前速度持续增长，到2030年这一数字将增至13.4亿吨CO_2-eq，2050年将飙升至28亿吨CO_2-eq（Hamilton等，2019）。假设农用塑料占全球塑料产量的3.5%（见第3.2.1节），则可以估计到2030年（农用塑料产生的）温室气体年排放总量将达到4 700万吨CO_2-eq，到2050年将达到9 800万吨CO_2-eq。

　　因此，为减少塑料对环境的影响，理想情况下的政策选择应该是在价值链中施行基于6R的干预措施组合拳，详见第七章论述（Gu等，2017；Zheng和Suh，2019）。

4.1　风险评估模型

　　环境风险评估依赖多种技术，其中针对化学污染物和物理致灾因子（如洪水）研发了"源-途径-受体-影响"（SPRC）的评估模型。如图4-1所示，

---

　　① 英文原文为86 gigatonnes，疑为笔误，应该是8.6 gigatonnes，方可与下文数字对应。——译者注。

该模型表明通过破坏整体链条中的任一环节，可以阻止致灾因子造成的伤害。该模型用来评估第5章讨论的特定农用塑料产品。

本研究报告采用SPRC评估模型，其中每一步骤会单独论述。

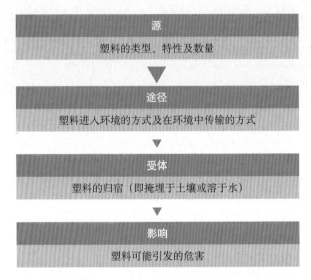

图4-1 "源-途径-受体-影响"评估模型

资料来源：粮农组织，2021。

4.2 农用塑料的来源

农用塑料的主要类型包括（塑料）地膜、（塑料）容器、聚合物包膜控释肥料以及渔业和水产养殖中使用的（塑料）网/线（详见第3.4节）

作为高度耐受型材料，残留在陆地和水生环境中的废弃塑料往往会持续存在，造成环境危害。这是废弃塑料总量及其化学和物理特性共同作用的结果。

一般来说，农用塑料根据其物理特性可分为三大类：

- **柔性塑料制品**——如地膜、隧道土工膜和温室大棚膜、塑料袋/麻袋、青贮饲料专用打包膜、无纺织防护布"抓毛绒"、渔网和渔线；
- **半柔性塑料制品**——如塑料管、滴灌带、护树架、树木保护罩、塑料绳；
- **硬塑料制品**——如塑料瓶、塑料框、塑料笼子和钓鱼浮标。

不同的特性会影响各类塑料进入陆地生态系统和水生生态系统的方式，以及随后的作用方式。大多数塑料被认为是（污染）**点源**，尽管大块塑料会被分解成越来越小的碎片，但这些塑料小碎片也会导致**污染扩散**。

在每年产生的大约1 250万吨农用塑料中（详见第3.1节），泄漏到环境中的塑料总量很大程度上是未知的，并且会因塑料制品的具体类型、用途、当地收集情况和回收/处置装备、相关法律规定和合规/认证计划而异。

欧洲有五个国家制定了国家层面的废弃塑料收集和回收计划，其数据表明这些国家只收集了50%～84%的废弃农用塑料（详见第6.4.1节），这意味着剩余的塑料要么未被收集，要么在农场进行处置，要么直接送往别处处置。因此，没有废弃塑料正式收集和回收/处置服务的地区可能会开展非正式再利用、回收和处置活动，而这类处置活动有可能将塑料污染泄漏到环境中。

插文3　基于尺寸的塑料分类

目前，塑料尺寸分类尚无统一标准，因为不同的研究人员根据各自选择的分析方法和研究领域采用了不同的尺寸范围。为了对此进行标准化，海洋环境保护科学问题联合专家组（GESAMP）建议采用以下分类系统：

字段描述符	相对大小	常用尺寸划分
巨型	非常大	＞1米
大型	大的	25～1 000毫米
中型	中等	5～25毫米
微型	小的	＜5毫米
纳米	超级小	＜1微米

GESAMP假定这些塑料的形状接近球形，尽管大多数农用塑料制品属于非球形，例如地膜、渔网和鱼线。这意味着上述某种尺寸类型的塑料产生的影响会类似于其他尺寸类型产生的影响，某种程度上可能也扩大塑料的潜在危害。

资料来源：GESAMP，2019。

插文4　微塑料的来源

微塑料可以专门制造（例如用于个人护理产品），在使用过程中会被释放到环境中；或由于大块塑料的磨损、撕裂和分解而无意产生（Juergen Bertling、Hamann和Bertling，2018）。

总体而言，据认为每年约有320万吨微塑料被释放到环境中，其中150万吨（占比48%）会进入海洋（Boucher和Friot，2017）。而流入海域的微塑料中，绝大部分（占比98%）被认为源自陆地资源的利用，例如汽车轮胎的生产（Tumlin，2017）。

　　一些强有力的证据表明，陆地上使用的农用塑料会造成微塑料污染，然后扩散到其他环境中。对地中海海草草甸土样的跟踪研究发现，西班牙阿尔梅里亚附近微塑料污染的增加与国内农业实践向集约化温室生产转变有关。其污染水平比该区同一位置的历史土壤和未开发海岸近期沉积物高一个数量级（Dahl等，2021）。

4.3　传输途径和3D概念

　　未经单独回收或正式处置的农用塑料可通过下述三种主要机制中的任何一种进入陆地和水生生态系统，即通过**损坏（Damaged）**、**降解（Degraded）**或**丢弃（Discarded）**，这被称为"3D概念"，详见图4-2中的具体定义。

　　在环境中被损坏、降解或丢弃的塑料有时也被称为"塑料泄漏"（Boucher和Billard，2019）和"管理不善的塑料"（Jambeck等，2015），这类塑料近年来一直是众多研究关注的重点（Richardson、Hardesty和Wilcox，2019；皮尤慈善信托基金和SYSTEMIQ公司，2020）。

损坏 (Damaged)	**定义**：是指农用塑料就地被损坏，导致其塑料碎片意外且不稳定地释放到环境中。 **原因**：农用塑料选择不当、管理不慎、机械作业（如地膜回收机/电机中的网卡）、动物行为（如被野生动物或牲畜咀嚼）、渔具磨损等均可造成塑料被损坏。 **影响**：农用塑料碎片不稳定地被释放到环境（水生和陆地）中，然后随之扩散。
降解 (Degraded)	**定义**：是指农用塑料在环境中发生的非生物降解或生物降解。 **原因**：由于不恰当或过度使用，导致农用塑料遭受风化等环境影响，内部结构受到削弱。 **影响**：农用塑料变得更易被磨损、分解和碎裂，最终塑料碎片更容易被风吹和径流扩散至远方。
丢弃 (Discarded)	**定义**：是指以无计划、散乱的方式在环境中随意处置农用塑料，如乱扔垃圾。也指某些虽然可能有控制塑料处置和保护周围环境的措施，但依然对废弃塑料处置不恰当，这种方式包括地表和地下处置以及焚烧。 **原因**：通过有意或无意地将农用塑料（整块和碎片）残留在环境中（如海面上被丢弃的渔网或使用寿命结束后残留的树木保护罩）或在没有出台恰当环境保护措施的地方处置废弃塑料（如伐木营地堆放废物或将用过的成捆塑料网丢弃在农田地头）。 **影响**：燃烧塑料会导致有害物质释放到空气中，可能污染水源和土地，危害人类、动物和植物的健康；在陆地上处置农用塑料可能导致随后被分解并扩散到环境（水生和陆地）中。

图4-2　3D概念

资料来源：粮农组织，2021。

很多农用塑料废弃物排放到环境中会长年累月地进行积累。而由传统塑料聚合物制成的物品需要历经几十年才能被生物降解（Ghatge 等，2020）。

这意味着当（废弃塑料）环境输入量超过生物降解速率和输出率时，就会发生塑料积累。

2016 年，各种来源途径、未经妥善处置的塑料废弃物总量约达 9 100 万吨，其中 3 100 万吨排放到陆地环境中，1 100 万吨排放到海洋环境中（皮尤慈善信托基金和 SYSTEMIQ 公司，2020）。然而，对海洋（塑料废弃物）输入总量的估计确实存在差异，Borrelle 等（2020）估计 2016 年输入总量区间为 1 900 万～ 2 300 万吨，而欧诺弥亚研究与咨询公司（Eunomia Research & Consulting Ltd）（2016）估计海洋输入量为 1 220 万吨/年。总体而言，约 80% 的海洋塑料被认为源自陆地塑料的使用（Li、Tse 和 Fok，2016）。

塑料废弃物未经妥善处置并泄漏到环境中的程度取决于城市化水平和各个国家及地区的收入状况，其中中低收入和中高收入国家塑料泄漏量最大（皮尤慈善信托基金和 SYSTEMIQ 公司，2020）。因此，解决塑料废弃物泄漏问题需要改变消费者日常行为、配备废弃塑料回收/处置设施及加强相关立法共同发挥作用。

尽管这些估值表明目前塑料废弃物的泄漏造成了巨大的环境负担，但伴随着人口增长和消费者购买塑料产品偏好的变化，塑料废弃物总量预计到 2040 年将增加一倍，相应地，排放到海洋中的数量将增加两倍（皮尤慈善信托基金和 SYSTEMIQ 公司，2020）。除非采取措施改善管理，否则农用塑料废弃物的泄漏很可能会遵循类似的趋势。

4.4　受体环境

4.4.1　陆地环境

由于全球大部分农业活动（93%）以陆地为载体[①]，农业土壤很可能是损坏、降解或丢弃的农用塑料的主要受体。然而，相比其他污染物和海洋环

---

　　① 这一结论是基于全球 8.66 亿农业从业人口（资料来源：国际劳工组织数据库 ILOSTAT，2018 年 12 月更新）和近 6 000 万渔民和养鱼户（资料来源：https://www.statista.com/，2018 年数据）。

境，关于塑料在陆地环境和生态系统中的扩散和最终归宿的科学知识却有限（Horton等，2017）。此外，据估计农业土壤可能比海洋接收更多的微塑料泄漏（Nizzetto、Futter和Langaas，2016）。

然而，众所周知塑料可以从沉降之处扩散开来，并通过多种途径进入新的生态系统或食物链。

这其中包括：

- 薄膜和柔性塑料制品随风扩散进入空中；
- 大雨冲刷掉的大塑料碎片、就地分解形成的微塑料或纳米塑料碎片随地表径流和地下流水扩散开来；
- 掺入土壤的塑料被土壤中无脊椎动物和脊椎动物摄入；反过来，这两种动物又可能被地面上的动物吃掉；
- 伴随着动物（包括鸟类）摄入塑料、被塑料缠绕或用塑料搭建巢穴/洞穴，塑料也随之扩散开来。

图4-3展示了塑料在陆地环境中的主要流动途径。

4.4.2 大气环境

露天焚烧塑料会向大气中释放一系列污染物，对人体健康和环境造成潜在危害。这些污染物包括多氯二苯并二噁英（polychlorinated dibenzodioxins）和二苯并呋喃（dibenzofurans）（PCDD/Fs）（Weber等，2018），两者在《斯德哥尔摩公约》中均被列为持久性有机污染物（斯德哥尔摩公约秘书处，2001）。Ikeguchi和Tanaka（1999）在对包括电缆和轮胎在内的八种不同类型的塑料废弃物进行露天焚烧的研究中发现，基于聚氯乙烯（PVC）产生的农业塑料废弃物的PCDD/Fs排放量最高，每千克为6 554.1纳克（TEQ）。

垃圾场焚烧垃圾也是大气污染物（含PCDD/Fs）的来源，（Rim-Rukeh，2014；Weber等，2018）。在垃圾场处置的农用塑料废弃物，也为加剧火灾提供了现成能源。

关于露天焚烧或倾倒农用塑料废弃物的比例，目前尚无具体的全球数据。然而，在对固体废弃物管理的全球监测中，Kaza等人（2018）根据收入水平评估了国家对固体废弃物的处置方法。露天倾倒是一种非常普遍的方式，其中低收入国家倾倒的固体废弃物总量占比93%，中低收入国家这一比例为66%，中高收入国家则为30%。

据加拿大萨斯喀彻温省（Saskatchewan）提供的数据，Friesen（2014）发现用过的青贮饲料包裹和麻绳在农场被焚烧处置的比重分别为79%和85%。

微塑料主要来自二次再排放源，也通过大气途径扩散。最近的一项研究估计，释放到大气中的所有微塑料中有5%来自农业土壤（Brahney等，2021）。

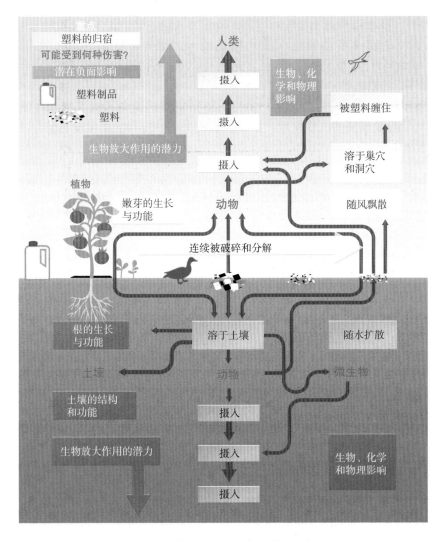

图4-3 塑料在陆地环境中流动的示意图

资料来源：粮农组织，2021。

4.4.3 水生环境

由于淡水河道与咸水河道的互通、洋流的流动及水体与陆源塑料的接触，塑料在水生环境中的扩散非常复杂（图4-4）。所有水生环境中都检测到了微塑料，包括从地表水到深达3千米的海洋沉积物（Barrett等，2020）。

水生环境中这些农用塑料的主要来源是水产养殖设备和捕鱼船丢弃的塑料网、浮标和丝线。然而，陆源塑料输入量非常巨大，这一现象主要是由于陆地塑料废弃物的管理处置不当（Li、Tse和Fok，2016）。陆地使用塑料的农业活动靠近水生环境也是一大因素，正如西班牙阿尔梅里亚（Almeria）附近海域微塑料含量的增加就与靠近岸边的农业活动有关（Dahl等，2021）。

值得注意的是，海中浮游动物摄入微塑料被认为会影响其排泄粪便的密度，从而降低粪便的沉积速度，这又会影响深海中营养物质和碳的循环（Shen等，2020）。

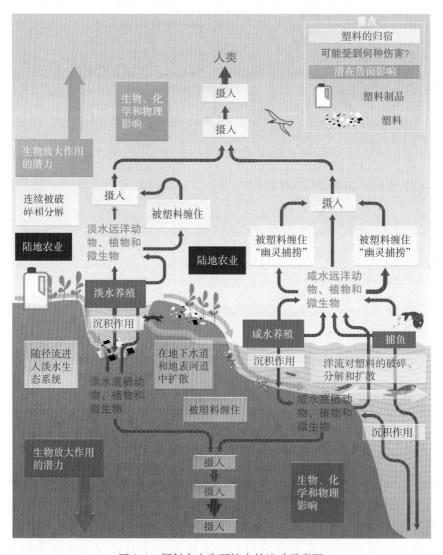

图4-4　塑料在水生环境中的流动示意图

资料来源：粮农组织，2021。

总体而言，根据欧诺弥亚（Eunomia）研究与咨询公司对各种调查数据的比较，估计每年有30万至380万吨塑料从渔场排入世界各大海域（Sherrington等，2016）。而ALDFG（废弃、丢失或以其他方式丢弃的渔具）则有64万至150万吨（粮农组织，2018），占渔场塑料排放总量的50%。

4.5　影响

塑料对生物群和生态系统造成的危害通常与其尺寸有关，因为塑料碎片与不同生物体会发生特殊的相互作用。例如，较大的塑料碎片可能通过摄入或缠绕造成物理伤害，而较小的塑料碎片可能会进入身体组织和细胞，并在细胞层面持续发挥作用。尽管对于不同尺寸的塑料碎片尚无正式的分类标准，但常用的塑料尺寸范围如插文3所示。

塑料可通过三种主要方式造成伤害，即产生物理、化学和生物影响，如图4-5所示，这三种影响方式之间有交叉。

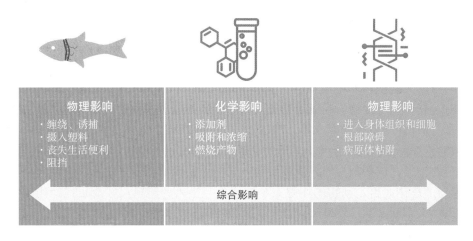

图4-5　塑料造成的危害类型

资料来源：粮农组织，2021。

迄今为止，大多数科学研究都集中在海洋环境上，因为塑料污染对海洋环境产生的负面影响最易被观察到。尽管围绕塑料污染对陆地生态系统产生的影响的研究论文发表数量相对较少，但目前这一主题却是深度研究的焦点（de Souza Machado等，2018）。塑料对生物群和生态系统的主要影响概述如下。由于当前研究领域存在偏差，这些论述不可避免的主要依据以水生环境为载体所开展的研究。

4.5.1 物理影响

塑料已被证明会通过以下方式危害动物、植物并破坏土壤：

1.缠绕和诱捕（Entanglement and entrapment）

塑料网、绳索、袋子和笼子均被证实可以诱捕或阻碍动物在水生环境（Ryberg、Hauschild、Michael 和 Laurent，2018）和陆地环境中（Kolenda 等，2021）的活动；这种影响不仅会伤害动物个体，而且可能会对生态系统产生更广泛的影响（McHardy，2019；Woods、Rødder 和 Verones，2019）。在水中，丢弃的渔网、罐子和夹子随波漂流，这一现象也被称为"幽灵捕捞"，因为这些物品能够继续诱捕水中动物，导致它们意外死亡（Lively 和 Good，2019）。

2.摄入和吸入（Ingestion and inhalation）

多数动物都可能通过摄入方式接触塑料，无论是直接摄入（如咀嚼或滤食性摄食）还是间接摄入（如食用受塑料污染的动物肉），都会将摄入的塑料转移并累积到食物链中（Huerta Lwanga 等，2017）。然而，通过吸入方式接触塑料的证据基础却没有得到很好的记录。尽管如此，人们仍然认为吸入的微塑料和纳米塑料可能会导致呼吸系统和心血管疾病（Prata，2018）。

摄入塑料造成的危害通常与塑料尺寸有关，这意味着尺寸不同的塑料以不同的方式发挥作用：

（1）**大型塑料和中型塑料**（Macro and meso plastics）。当塑料附着在食物上时，有可能与食物一起被动物摄入；当塑料类似于捕食者的猎物时会被动物误食（Machovsky-Capuska 等，2019），或者动物直接觅食塑料（Andrades 等，2019）。在海洋生态系统中，有证据表明，不同的巨型动物群会摄取不同类型、颜色的塑料，这些塑料的外观和游动方式与正常猎物相似（López Martínez 等，2021）。总体而言，动物的体型大小被认为与摄入的塑料尺寸成正比，比例约为20：1（Jâms 等，2020）。

摄入的中大型塑料可能会在动物的胃肠道中积聚，并最终导致胃肠道堵塞或穿孔，从而导致饥饿和死亡，或引发亚致死效应，例如导致生长方式发生改变或身体状况下降（Puskic、Lavers 和 Bond，2020）。

（2）**微塑料**（Microplastics）。尺寸小于5毫米的塑料通常称为微塑料（见插文3）。正是这种小尺寸使得微塑料通常在环境中具有高度移动性，尤其是在水生环境中。

在广泛的水生和陆生动物体内（GESAMP，2015；Truong 和 beiPing，2019）、植物（包括蔬菜）（Oliveri Conti 等，2020）和饮用水中（Koelmans 等，2019）均观察到了摄入的微塑料颗粒。研究表明，蚯蚓摄入微塑料会增加这些碎片在土壤中的移动（Rillig、Ziersch 和 Hempel，2017）。

至于我们人类，美国的一项饮食研究估计，由于食用受污染的食物，成年人每年会摄入40 000～50 000个微塑料颗粒（Cox等，2019）。食用小鱼（如可以整条吃掉的沙丁鱼）和贝类被认为是人类接触海洋微塑料的主要途径（Landrigan等，2020）。

尽管微塑料可能对个体生物造成的身体伤害目前尚不确定，但微塑料被认为能够引发炎症反应，并损害细胞和身体组织（Landrigan等，2020）。因此，最近在人类胎盘中检测到的微塑料颗粒（Ragusa等，2021）以及妊娠晚期急性肺部暴露后老鼠体内的纳米聚苯乙烯颗粒发生了母婴传播的证据（Fournier等，2020）成为当前的一大担忧。

3. 阻挡（Occlusion）

超大塑料和大块塑料，尤其是薄膜，具有阻挡阳光、阻碍液体流动的性能。在陆地环境中，塑料可能会阻碍土壤中空气、水分和养分等基本元素的流动以及蚯蚓等土壤生物的移动（Liu、He和Yan，2014）。此外，已证明微塑料还会影响土壤特性，包括土壤密度、土壤颗粒的聚集和土壤水分的有效性（de Souza Machado等，2019）。

在水生环境中，塑料可能会阻止光线在海水中的传输，从而影响浮游植物和珊瑚礁中植物的光合作用（Landrigan等，2020；Shen等，2020）。

4. 丧失生活便利（Loss of amenity）

尽管主流媒体围绕海洋塑料对沿海社区造成的视觉影响进行了大量讨论，但对此进行量化研究并发表的论文数量相对较少（Corraini等，2018）。此外，海洋塑料也没有反映在经济影响评估中，特别是在发展中国家。尽管如此，南加州的一项研究表明，选定海滩的海洋垃圾总量减少25%会带来人均12.91美元的季节性收益（Leggett等，2018）。总体而言，据估计，海洋塑料污染每年可能给南加州区域的经济造成2.5万亿美元的损失（世界自然基金会、艾伦·麦克阿瑟基金会和波士顿咨询公司，2020）。

4.5.2 化学影响

与塑料废弃物相关的化学物质主要有两大来源：一类是从环境（特别是水生环境）中吸收的化学物质；另一类是在塑料产品制造过程中掺入的化学物质。前者包括持久性有机污染物（POPs）和一些金属，而后者包括一系列化合物，例如邻苯二甲酸盐和溴化阻燃剂（Andrady，2011；GESAMP，2015a；Harding，2016；Horton等，2017）。大多数化学物质被认为对人类和动物有不同程度的毒性（Ashraf，2017；Okunola A等，2019；Wiesinger、Wang和Hellweg，2021）。

由于微塑料表面积与体积的比值较高并具有疏水性，因此微塑料能够吸附化学物质并将其浓缩（Andrady，2011），特别是当此类化学物质被生物膜[①]包裹时。尽管这些化学物质能够被生物可利用的程度、在单个生物体内得到系统分解的程度以及可能造成的危害程度，取决于一系列因素（GESAMP，2015a），但摄入后就有可能在营养层面出现生物放大作用。化学物质吸附到塑料碎片上可能会影响它们向其他环境的传输，并可能减慢化学降解（Beriot等，2020）。关于塑料对土壤的化学影响鲜有记载，然而，Liu、He和Yan（2014）提出，残留在土壤中的农用地膜可能会增加表层土壤的盐分浓度。

4.5.3 生物影响

塑料，尤其是微塑料和纳米塑料，可融合化学影响和物理影响，对动物、植物和微生物界的生物体造成伤害，并且还有可能引起生物体的生物反应。

1.对动物的伤害

巨型塑料和大型塑料通过缠绕和吞没的方式可相对较快地杀死动物，与之不同，微塑料更有可能对动物产生慢性、亚致死的影响。这不仅影响个体生物，还可能影响水生环境中的鱼群以及陆地上的动物群体（羊群、鸟群等）。

已有证据表明纳米塑料可能会穿透细胞膜，进而在细胞内累积，破坏细胞的生理机能并引起炎症反应（GESAMP，2015a；Landrigan等，2020）。

2.对植物的伤害

高等植物和低等植物都可能受到塑料的不利影响。由于高等植物几乎涵盖所有作为人类食物的重要商品作物，因此塑料对农业生产力和全球粮食安全具有潜在的重大影响。

（1）高等植物（Higher plants）。有证据表明，农用地膜的残留物会减少种子发芽并损害根系生长。在中国，Liu、He和Yan（2014）引用了一项研究表明，当20厘米深的土壤表层中残留约200千克/公顷的地膜碎片时，棉花产量减少了15%。同样，大量塑料（>240千克/公顷）残留在土壤中被证明会导致一系列农作物的产量降低11% ～ 25%（Gao等，2019）。de Souza Machado等人（2019）在评估众多不同微塑料对大葱生长影响的一系列实验中指出，葱根和葱叶以及土壤特性和土壤微生物活动都受到了微塑料的不利影响。

（2）低等植物（Lower plants）。很多研究的开展都是针对海洋中的浮游植物，在一篇评论文章中，Shen等人（2020）总结了一项研究，表明浮游植物可能易受微塑料的毒性影响，并且随着粒径的减小，毒性会增加。值得注意的

[①] 在此种情况下，"生物膜"这一术语是指生物体表面上的微生物和被细菌胞外大分子包裹的有组织的细菌群体，而不是指生物基塑料薄膜或任何其他塑料产品。

是，他们还引用了一项研究，表明微塑料还可能损害海中植物的光合作用（通过减弱阳光对水层的穿透力或通过影响浮游植物的新陈代谢）。这不仅可能影响海洋中的碳循环，而且还可能影响几乎所有海洋食物链的基础。

3.对微生物的影响

相比水生环境，塑料对土壤微生物群落的影响得到了更好的研究，而这种影响似乎取决于塑料的类型及其尺寸大小（de Souza Machado等，2019）。

总体而言，实验数据表明，微塑料可以影响土壤微生物的组成、生物量和新陈代谢（Awet等，2018；de Souza Machado等，2019；Wang等，2019），并可能通过对微生物群落施加新的选择压力来影响土壤微生物的进化（Rillig等，2019）。

尽管土壤微生物主要参与养分循环和有机物的降解和封存，但微塑料对其造成的后续影响尚不确定，有可能会影响土壤生产力。

4.成为病原微生物的载体

有证据表明，海洋塑料尤其是微塑料，可能在其表面藏有病原微生物菌落，包括那些具有抗生素耐药性的微生物菌落。这不仅对可能摄取微塑料的动物有影响，而且借助洋流，微塑料还可能漂流到更大范围的海域，从而对生态造成影响（Bowley等，2021）。

4.6 小结

农用塑料可以通过损坏、降解或丢弃的方式进入环境。这些塑料包含柔性、半柔性和硬塑料制品及其混合物，每种产品都有可能对环境造成不同类型的危害。

尽管农用塑料泄漏到环境中的数量很大程度上难以统计，不过总体而言，塑料对生态系统和个体生物产生不利影响的程度却愈发清楚。由于传统塑料通常具有抗生物降解性，因而可以在环境中存留很长时间，并在使用寿命结束后的很长时期内继续造成危害。

陆地环境特别是土壤环境，是农用塑料主要的初始受体，而水生环境则受到 ALDFG（废弃、丢失或以其他方式丢弃的渔具）和其他捕鱼活动产生的塑料废弃物的影响。目前尚不清楚陆地农用塑料进入水生环境的程度。

一旦进入环境，塑料就会通过三种方式产生危害，即物理影响方式（例如缠绕或诱捕）、化学影响方式（例如添加剂或燃烧产物的释放）和生物影响方式（例如植物根系障碍、身体组织或细胞的损伤）。塑料造成危害的类型和严重程度通常与其尺寸有关，其中小于5毫米的颗粒（即所谓的微塑料）目前受到了很大的关注。

5 评估农用塑料制品

本章描述了八个具有代表性的农业价值链以及与每个价值链相关的塑料制品范围。如下：

- **温室园艺**——选择温室园艺是因为它为大部分人口提供食物。这包含对温室、地膜、滴灌以及之后的蔬菜配送的分析。
- **畜牧生产：活畜及屠宰牲畜获得的食品和非食品产品**——选择畜牧生产是因为它也包括牲畜和饲料生产。这包含作为动物饲料的干草和青贮饲料包、畜牧业的各个阶段以及随后对畜牧产品的加工和分销。
- **玉米栽培**——选择玉米栽培是因为玉米是作为人类食物和动物饲料的全球性农作物，玉米还可以作为可再生能源的来源。这包含玉米的生产、分销、加工、零售和消费。
- **香蕉种植**——选择香蕉种植是因为作为重要的热带经济作物，香蕉尤其在生长和收获期间会使用大量塑料制品。这包含香蕉的生产、加工和运输。
- **棉花和木材生产**——棉花和木材生产可以作为非食品产品的例子，其中包含棉花和木材的生产、加工和运输。
- **捕捞渔业和水产养殖**——包括海洋和淡水环境中的渔具和水产养殖用具，以及随后的鱼类和海鲜的加工、分销、零售和消费。

每个农业价值链的各个阶段、所使用的塑料制品及其随后产生废弃物的详细描述可以在附录中找到。

通过互联网检索、科学论文和报告的审查以及与粮农组织和行业专家等一系列利益相关者的对话，可以确定不同农业价值链中所使用的塑料制品种类。鉴于许多农业价值链的复杂性和规模，不可能确定所有涉及的塑料制品种类，尤其是在塑料制品被清理出农场、渔场、森林之后。因此，本章的大多数分析仅限于农业价值链生产和分销阶段所使用的塑料制品。

选择这些塑料制品进行评估是基于其构成的潜在风险程度，或者是为了提供整个农业价值链中一次性和耐用性塑料制品的代表性实例。

5.1 选择重点农用塑料制品

使用"红黄绿"（RAG）风险评估方法对八个农业价值链中每个价值链所确定的不同塑料制品范围进行定性风险评估。使用第4.1小节中所描述的SPRC模型，根据以下标准对每种塑料制品进行评估：

- 塑料制品的年度使用量；
- 通过应用第4.3小节中定义的3D概念，评估塑料制品在使用地点泄漏到环境中的可能性；
- 塑料制品可能泄漏到的生态系统中，如土壤或水道；
- 塑料制品可能对植物、动物（牲畜、家畜和野生动物）和人类造成的潜在危害，还包括对塑料制品形成微塑料的可能性进行评估。

每个步骤都经过"红黄绿"（RAG）风险评估，并假设在塑料制品使用寿命结束时对其进行不当的收集、处理、回收和管理。这样做是为了确定处于"最糟糕状态"下的塑料制品，并选择重点塑料制品进行进一步评估。

对于每个步骤，使用以下评级方法：

- **红色**＝高风险/数量，赋值3；
- **黄色**＝中等风险/数量，赋值2；
- **绿色**＝低风险/数量，赋值1。

按照每个SPRC模型类别，对每种塑料制品的赋值进行合计和标准化。最后，获得总体评分并进行标准化，以便得出相对风险评级来进行比较。结果如表5-1所示，与每种主要塑料制品相关的相对风险得分位于图表的最后一行。

©Unsplash/A. Spratt

表5-1 对所选农用塑料制品进行"红黄绿"（RAG）风险评估

农业活动或阶段	培植	培育											饲料生产		动物护理			渔业和水产养殖			
决策标准	棚膜	农药包装	地膜	肥料包装和刚性包装——包装袋	花盆、育苗穴盘	树木保护罩	香蕉塑料套袋	塑料线、塑料绳、塑料带	聚合物包膜缓释肥	收获板条箱	灌溉管道（半永久性）	滴灌带（一次性使用，地表上方使用）	池塘衬膜	青贮膜	打捆包膜和打捆网	打捆绳	耳标	饲料袋	渔网和鱼线	渔网浮子	笼子	发泡聚苯乙烯箱
源（塑料制品名称及其用法）																						
使用程度——用量	3	3	3	3	3	1	1	3	3	2	3	1	2	3	1	2	3	3	3	3	3	2
周转率（使用次数和年限）	0.3	5.0	2.0	2.0	3.0	0.3	1.3	3.0	4	1	0.5	2	0.3	0.5	2	2.2	1.2	3.4	0.4	0.4	0.4	6
标准化总值	1.65	4.00	2.50	2.50	3.00	0.65	2.15	2.00	3.50	1.00	1.25	2.50	0.65	1.25	2.50	1.60	1.60	2.70	1.70	1.70	1.70	4.00
途径（如何进入环境——3D概念）																						
塑料制品在使用地点泄漏到环境中的可能性																						
破损	2	1	2	3	2	3	3	3	3	1	2	3	2	2	3	2	3	1	3	3	3	2
降解	1	2	3	1	3	3	3	3	3	1	2	3	1	3	2	3	2	1	2	2	2	3
丢弃	1	2	3	2	2	1	2	3	3	1	1	3	1	2	1	1	1	1	3	3	3	1
在使用地点或使用过程中泄漏到环境中的可能性（扩散范围变大）	3	1	2	1	1	2	1	3	3	1	2	1	1	1	2	1	1	1	3	3	3	1
标准化总值	1.75	1.50	2.75	1.50	1.75	2.00	2.50	2.25	3.00	1.00	1.50	2.75	1.75	1.75	2.75	2.50	2.50	1.50	3.00	3.00	3.00	1.75
受体（主要去向）																						
陆地环境直接接触的程度	1	2	3	2	2	3	2	3	3	1	3	3	3	2	2	2	1	1	1	1	1	1
水生环境直接接触的程度	1	2	1	2	1	1	1	1	1	2	1	1	3	1	1	1	1	1	3	3	3	2
标准化总值	1.00	2.00	2.00	2.00	1.50	2.00	1.50	1.50	2.50	1.00	2.00	2.00	3.00	1.50	1.50	1.50	1.00	1.50	2.00	2.00	2.00	1.50
影响（接触受体后造成的危害）																						
危害植物的可能性（产量和生产率损失）	3	1	3	2	1	1	3	1	1	1	1	1	1	3	1	2	1	2	1	1	1	1
危害动物的可能性（牲畜、家畜和野生动物）	3	3	3	2	2	2	3	1	1	1	1	1	3	3	1	3	1	2	3	2	2	3
危害人类的可能性	1	3	1	1	2	1	2	1	1	1	1	1	1	3	1	1	1	1	1	1	1	3
形成微塑料的可能性	2	1	3	2	2	1	2	3	1	1	1	2	1	3	3	2	1	3	2	3	2	3
标准化总值	2.25	2.00	2.50	1.75	1.50	1.75	2.50	1.75	1.50	1.00	1.00	1.50	1.00	2.25	2.50	1.75	1.00	1.75	2.00	1.75	2.00	1.75
风险总计——标准化	6.7	9.5	9.8	7.8	7.8	6.4	8.7	7.5	10.5	4.0	5.8	8.8	6.4	6.8	9.3	7.4	5.1	7.5	8.7	8.5	8.7	9.0

资料来源：粮农组织，2021。

所选高风险塑料制品和代表性示例如表5-2所示：

表5-2 进行评估的重点塑料制品和代表性塑料制品

塑料制品	重点/代表性	相对风险评分	价值链	耐久性
聚合物包膜缓释肥	重点	10.5	粮食作物/非粮食作物	一次性使用
地膜	重点	9.8	粮食作物/非粮食作物	一次性使用
农药包装废弃物	重点	9.5	粮食作物/非粮食作物；牲畜；渔业；林业	一次性使用
打捆包膜和打捆网	重点	9.3	非粮食作物	一次性使用
发泡聚苯乙烯箱	重点	9.0	渔业	一次性使用
滴灌带（一次性使用，地表上方使用）	重点	8.8	粮食作物/非粮食作物	一次性使用
渔网和鱼线	重点	8.7	渔业	长期
笼子	重点	8.7	渔业	长期
塑料套袋（用于香蕉）	重点	8.7	粮食作物	一次性使用
渔网浮子	重点	8.5	渔业	长期
肥料包装——包装袋和刚性包装	代表性	7.8	粮食作物/非粮食作物	一次性使用
花盆、育苗穴盘	代表性	7.8	粮食作物/非粮食作物	一次性使用
塑料线、塑料绳、塑料带	代表性	7.5	牲畜，渔业	一次性使用
饲料袋	代表性	7.5	粮食作物/非粮食作物；林业	一次性使用
打捆绳	代表性	7.4	粮食作物/非粮食作物	一次性使用
青贮膜	代表性	6.8	粮食作物/非粮食作物	长期
棚膜	代表性	6.7	粮食作物/非粮食作物	长期
树木保护罩	代表性	6.4	粮食作物/非粮食作物；林业	长期
池塘衬垫	代表性	6.4	粮食作物/非粮食作物	长期
灌溉管道（半永久性）	代表性	5.8	粮食作物/非粮食作物	长期
耳标	代表性	5.1	牲畜	长期
收获板条箱	代表性	40	粮食作物/非粮食作物	长期

资料来源：粮农组织，2021。

5.2 所选农用塑料制品的详细分析

根据以下标准对所选塑料制品进行了详细审查：
- 预期的农业效益和不利影响；
- 导致塑料制品泄漏到环境中的因素；
- 循环利用的潜力。

审查循环利用的潜力旨在确定潜在的干预措施，以推动创新和采用替代方案或塑料制品替代品，这些措施或产品具备原始塑料制品的好处，但具有更高的可持续性和对环境更小的不利影响。插文6中详述的6R原则（拒绝、重新设计、减少、再利用、回收和恢复）用于帮助确定塑料制品的替代品。由于许多塑料制品都可以使用共同的干预措施或替代品，因此第6章和第7章将详细讨论这些干预措施或替代品。

5.2.1 聚合物包膜肥料

聚合物包膜肥料以片剂或颗粒形式进行生产，并在外表涂有聚合物，以便让其内在的植物养分以缓慢或受控的方式释放。外表涂层材料可以是常规塑料聚合物（聚乙烯、乙烯-醋酸乙烯酯共聚物和低密度聚乙烯）、天然材料（如纤维素）或可生物降解塑料（聚乳酸、淀粉、聚乙烯醇等）（Sarkar等，2019）。

好处和问题

聚合物包膜肥料为农作物生产提供了显著好处，包括控制养分的释放速度以优化作物养分吸收的效率，从而降低养分径流流失到土壤和水道的风险。

插文6 6R原则

6R原则是一种分层选择方法，可应用于塑料制品的设计、制造、供应、使用模式和塑料废弃物管理，以便从线性经济转向循环经济。6R原则的定义基于欧盟有关废弃物管理的定义（欧洲议会和欧洲理事会，2008），而废弃物管理是基于艾伦·麦克阿瑟基金会循环经济概念中的战略（艾伦麦克阿瑟基金会，2021）以及所谓的有关废弃物生产和回收的零废弃物方法（欧洲零废弃组织，2019）。在无法应用6R原则的情况下，在卫生的和经过设计的垃圾填埋场处理废弃物应被视为下一个最可持续的选择。应避免露天焚烧塑料废弃物，因为有可能会产生温室气体、持久性有机污染物和其他有害排放物。

拒绝	**定义**：有意地避免使用塑料制品。 **举例**：在装于较大零售盒中的单个水果商品上，不使用标签和贴纸。
重新设计	**定义**：改进塑料制品以加强其回收和废弃物管理选择；重新设计旨在保持或增强塑料制品的当前农业效益或健康安全性能。 **举例**：使用较厚的地膜以增强其可回收性。
减少	**定义**：最大限度减少可提供相同效益的塑料制品数量，以减少对原材料的需求、每批产品产生的塑料废弃物和需要回收或处理的塑料废弃物数量。 **举例**：采用更强的聚合物制作麻线，以获得更薄的横截面。
再利用	**定义**：从使用一次性塑料制品转向使用更耐用的塑料制品，以便在价值链中多次重复使用，从而减少塑料制品的使用量。 **举例**：采用可重复利用、可修复的保温箱来运输鱼类。
回收	**定义**：将塑料废弃物进行再加工，变成相同或更低质量的新材料或产品。 **举例**：回收破损塑料板条箱或用过的包装废弃物，做成塑料颗粒等二次材料。
恢复	**定义**：从塑料制品中提取能源；只有当前述5R原则不适用于技术或经济规定并且寿命评估表明这样做比塑料填埋更具可持续性时，才应采取此举。 **举例**：混合塑料残留物，例如被有机残留物、土壤和化学产品污染的薄膜。

　　传统塑料聚合物的碎片化可能产生微塑料，这些微塑料在土壤中积聚并在雨水和灌溉的作用下向外泄漏。我们发现，土壤中微塑料涂层碎片降解的动力学变化很大（Accinelli等，2019）。

　　聚合物包膜肥料和肥料添加剂中有意释放的微塑料估计为22 500吨/年，相当于在欧洲环境中所有有意释放微塑料的62%（欧洲化学品管理局，2019）。包衣种子和包衣农药制剂中有意释放的微塑料估计为500吨/年。

替代品和干预措施

　　在评估为农作物提供类似益处且减少传统塑料聚合物包膜肥料所造成的不利影响方面，下文和图5-1中已经确定了一种干预措施和一种替代品：

- 禁止在肥料包膜中使用常规（不可生物降解的）聚合物，将避免微塑料泄漏到土壤中。
- 用可生物降解的包膜作为替代品，这种包膜是根据特定的技术标准在土壤中完全降解，可以避免塑料碎片在土壤中积聚。

　　可用6R原则来确定这些选项并对其分类。

推动可持续性的立法举措

　　为了限制聚合物包膜肥料中微塑料的释放，一些国家已开始推动额外的立法举措。例如，欧盟肥料产品法规2019/1009（欧盟，2019c）规定，聚合物包膜肥料的市场销售仅限于那些符合欧盟生物降解标准的聚合物产品（欧洲化肥协会，2020a）。这些限制将于2026年在所有欧盟成员国生效。

替代品和干预措施		可生物降解肥料包膜	禁止使用
6R原则选项	拒绝		•
	重新设计	•	
	减少		
	再利用		
	回收		
	恢复	•	•
3D概念结果	破损		
	降解	减少对土壤的危害（有意释放的微塑料）	减少对土壤的危害（有意释放的微塑料）
	丢弃		

图5-1　聚合物包膜肥料的替代品

资料来源：粮农组织，2021。

5.2.2　地膜

传统的、不可生物降解的塑料地膜是用低密度聚乙烯或其他柔性聚合物生产的。农业正越来越依赖合成地膜，而不是以作物残茬为基础的那些传统有机材料。

好处和问题

地膜在作物生产过程中的好处已经被广泛引用，包括抑制杂草生长、提高土壤温度、减少土壤的水分蒸发以及减少由于降水过多而导致的养分径流流失。地膜的诸多好处可以促进作物增产，延长作物生长季节，并减少对灌溉、肥料和除草剂施用的需求。

然而，如果以不当的方式进行选择、应用、管理和从田间移除地膜，土壤中可能会留下大量塑料废弃物。

影响塑料制品泄漏到土壤的主要因素是：农民的能力和积极性以及地膜的规格——主要是厚度。地膜的规格决定了其在整个使用过程中的结构完整性以及在作物收获后的可回收性。在使用过程中的破损或不正确的回收方式会导致地膜碎裂或被大量土壤和植物残留物污染，使后续的后勤工作和回收过程变得困难且成本高昂。在欧洲，用过的地膜中污染物（水分、土壤和植物的残留物）与塑料的通常比例为 2∶1（Le Moine 等，2021）。在这样的土壤条件下，回收废弃的地膜是不合算的。因此，用过的地膜通常在卫生垃圾填埋场被处理。

塑料地膜也用于一些永久性种植园，例如果园和葡萄园。在这种情况下，由于物理破损和光降解，通常很难回收在许多生长季就已经存在的地膜。

Sarkar 等人（2019）发表的报告显示，继聚乙烯之后，聚氯乙烯是用于制造地膜的第二大最常见材料。然而，这类地膜的使用并未在欧洲得到报道（Hann 等，2021）。如果在农场或垃圾场焚烧用过的聚氯乙烯地膜，它们将成为多氯二苯并二噁英和多氯二苯并呋喃的主要来源，这两种化合物都被《斯德哥尔摩公约》列为持久性有机污染物。Ikeguchi 和 Tanaka（1999）在针对八种废弃物露天焚烧的研究中发现，二噁英排放量最高的是农用塑料制品（聚氯乙烯），每千克废弃物的释放量为 6 554.1 纳克毒性当量。

替代品和干预措施

在为农作物提供类似益处和减少不可生物降解地膜所造成的不利影响方面，许多干预措施和替代品已经得以确定和评估：

- 采用有机材料或覆盖作物的覆盖方法可避免使用塑料地膜。虽然这些做法似乎成本更高，但能节省投入、改良土壤、保持作物产量和更容易进入优质市场，以此推动农业实践的改良。除了避免产生与塑料制品相关的温室气体外，在土壤的碳捕获过程中加入生物质还能产生额外的气候效益。关于覆土作物和保护性农业的实例和指南可在国际农业研究协商组织（CGIAR）和美国罗代尔研究所（Rodale Institute）的网站上查阅。
- 通过改用可生物降解地膜（使用纸基材料或可生物降解聚合物）来达到重新设计塑料制品的目的，这将避免对塑料废弃物进行回收和管理。据称，

可生物降解地膜能够在作物收获后被土壤吸收。然而，这种塑料制品在不同土壤和气候条件下的生物降解度是高度可变的。使用可生物降解地膜对土壤的长期影响也需要进行评估。在关于农用塑料制品标准的第6.4.3小节中将对此进行进一步讨论。

- 禁止在地膜（和其他一次性农用塑料制品）中使用聚氯乙烯，将减少在露天焚烧废弃地膜时释放多氯二苯并二噁英和多氯二苯并呋喃等持久性有机污染物的可能性。

- 增强地膜强度和抗撕裂性，以提高在作物收获后土壤中废弃地膜的可回收性。这可以通过增加地膜厚度并确保地膜上定植穴的光滑切割来实现。这在关于塑料制品标准的第6.4.3小节中也有讨论。

- 对于某些作物，使用在许多生长季可重复利用的地膜可能是合适的。例如，当芦笋"幼芽"仍处于地下时，所采收芦笋的"白色部分"的土壤覆盖层就是可重复利用的。

- 用标签标明地膜制品可以为农民提供使用信息，形成通过塑料和废弃物管理供应链提供可追溯性的潜在机制。

- 强制性生产者责任延伸制度收集计划为供应链中所有参与者消除障碍，以便对废弃地膜采取环境无害化的管理。

- 激励措施和交叉遵守机制可以鼓励对环境负责的行为，最大限度地减少塑料废弃物泄漏到土壤中，并提高塑料制品的回收率。

- 重新设计用于回收废弃地膜的设备可以降低残留在土壤中的塑料废弃物，并通过最大限度地减少土壤和植物残留物污染来提高其可回收性。重新设计过的设备可以当作一种可提供的服务。

- 重新设计商业模式，例如从塑料制品供应转向塑料制品的供应、应用、维护、检索和废弃管理的全方位专业服务，可以提高地膜的效力，同时减少塑料废弃物的泄漏并提高可回收性。

图5-2总结了这些干预措施和替代品。

推动塑料制品可持续性的政策和立法措施

循环塑料联盟的农用塑料工作组确定了以下政策和立法方案，以提高不可生物降解地膜的可持续性（Eunomia，2020）：

- 自愿或强制性生产者责任延伸制度计划；

- 参与收集计划的相关要求；

- 禁止露天焚烧塑料废弃物并加强执法举措；

- 为不可生物降解的地膜设定最小厚度；

- 确保足够的激励措施鼓励农民从田间回收所有塑料废弃物，并尽量减少对所回收废弃地膜的污染。

替代品和干预措施	促进使用传统有机材料制作地膜的技术	可生物降解地膜	禁止使用聚氯乙烯地膜	增强地膜强度和抗撕裂性，以提高其可回收性	为合适的作物选择可重复利用的地膜	用标签标明地膜产品	强制性生产者责任延伸制度计划	与具有可持续性的地膜管理实践相关的激励措施	重新设计用于回收废弃地膜的设备，提高其可回收性	重新设计商业模式，转化为塑料制品的全方位服务
6R原则选项 拒绝	•		•							
重新设计		•				•		•	•	•
减少				•						
再利用				•	•					
回收								•	•	•
恢复							•	•		
	⬇	⬇	⬇	⬇	⬇	⬇	⬇	⬇	⬇	⬇
3D概念结果 破损	防止对土壤的危害	减少对土壤的危害		减少破损的可能性				减少破损的可能性	减少破损的可能性	减少破损的可能性
降解	减少对土壤的危害	减少对土壤的危害		减少破损的可能性				减少降解的可能性		减少降解的可能性
丢弃	防止对土壤的危害	减少对土壤的危害	减少露天地焚烧废弃地膜所带来的风险		减少废弃地膜的处理量	减少废弃地膜随意丢弃和不当处理的可能性	减少废弃地膜随意丢弃和不当处理的可能性	减少废弃地膜随意丢弃不当处理可能性	减少废弃地膜随意丢弃的可能性	减少废弃地膜随意丢弃不当处理的可能性

图 5-2　地膜的替代品

资料来源：粮农组织，2021。

在机械化清除作物残茬过程中破损的地膜，意大利。

地膜一旦从田间取出，往往被土壤和作物残留物严重污染，可回收性降低。

5.2.3 滴灌带

滴灌带是一种纤薄的塑料管，在制造过程中沿其管身打制滴水孔。滴灌带通常直接铺设在靠近需要灌溉的植物行土壤之上，一端连接到加压供水，另一端密封。滴灌带通常与地膜结合使用，用于单个种植季节，便于作物收获后进行回收。

好处和问题

使用滴灌带可以提高用水效率，并通过直接向作物供水来节约稀缺的水资源。滴头允许水穿透土壤渗到作物根部区。当滴灌带与地膜配合使用时，还可以减少水分蒸发。因此，这种做法显著提高了用水效率并降低了灌溉成本（Scarascia-Mugnozza、Sica 和 Russo，2011）。

与地膜直接覆盖在土壤上的情况一样，滴灌带在使用和回收过程中存在破损的风险，从而使大量滴灌带泄漏到土壤中。据报道，某些滴灌带是由聚氯乙烯制成的。有弹性的聚氯乙烯制品含有各种添加剂，包括可能有毒的增塑剂，而经过磨损和风化后，增塑剂会泄漏到环境中。当在垃圾场或农场露天焚烧聚氯乙烯时，会产生大量多氯二苯并二噁英和多氯二苯并呋喃等持久性有机污染物（Ikeguchi 和 Tanaka，1999）。滴灌带的设计包括由不同聚合物制成的配件，例如滴头和管壁。这使得滴灌带的回收变得复杂且成本高昂。

等待收集回收的滴灌带、地膜和无纺布防护纺织品，意大利。

替代品和干预措施	使用更耐久和结实的灌溉系统	增加滴灌带的强度和可重复利用性能	使用单一聚合物制造滴灌带，增加可回收性	禁止使用聚氯乙烯制作的滴灌带	用标签标注产品原材料	强制性生产者责任延伸制度计划	重新设计地膜和滴灌带回收设备	滴灌带生产商和提供商提供全方位服务
6R原则选项 拒绝				•				
重新设计	•				•		•	•
减少	•	•	•					
再利用		•						
回收			•			•		•
恢复								
	➡	➡	➡	➡	➡	➡	➡	➡
3D概念结果 破损	减少破损的可能性	减少破损的可能性					减少破损的可能性	减少破损的可能性
降解	减少降解的可能性				及时回收可减缓降解			及时回收可减缓降解
丢弃	减少废弃物数量		增加回收价值，减少随意丢弃的可能性	减少露天焚烧废弃地膜的风险	减少处理不当的可能性	减少丢弃和处理不当的可能性	减少丢弃和处理不当的可能性	减少丢弃和处理不当的可能性

图5-3 滴灌带的替代品

资料来源：粮农组织，2021。

59

替代品和干预措施

所有高效的精准灌溉系统主要组成部分的制造材料都依赖不可生物降解的塑料。但是，可以采取一系列干预措施来减少塑料废弃物泄漏到土壤中或在露天焚烧时释放有害物质的风险：

- 改用其他高效且更耐久的灌溉系统，比如水耕栽培，以避免直接在土壤上方使用滴灌带，还能省去在每个收成周期结束后回收和处理滴灌带的麻烦。
- 增加滴灌带的强度，减少在使用和回收过程中破损的风险，这样还能促进滴灌带在多个种植季的重复利用。
- 通过使用同一种聚合物来制造滴灌带部件，达到重新设计的目的，以提升滴灌带可回收性。
- 禁止使用聚氯乙烯这类聚合物并改用聚乙烯作为替代品，以避免在可能的露天焚烧过程中释放有毒物质。
- 用标签标明生产滴灌带的原材料，再结合可追溯和监测系统，更高效地实施塑料废弃物的安全管理。
- 建立针对滴灌带的生产者责任延伸制度计划，这将有助于滴灌带的收集和循环利用，还能避免对滴灌带的不当处理。

等待收集回收的滴灌带、地膜和无纺布保护纺织品，意大利。

60

- 重新设计滴灌带的施用设备、维护设备和回收设备，有助于减少滴灌带的破损和避免滴灌带泄漏到农田中。生产者责任延伸制度计划将帮助农民获得这些设备。
- 滴灌带生产商和供应商可以改变其商业模式，提供全方位的地膜和灌溉服务，包括滴灌带的施用、维护和回收。这些服务提供商可以采用最佳实践和设备将地膜和灌溉的性能最优化，同时最大限度地减少塑料废弃物的泄漏并提高其循环利用性能。

5.2.4 树木保护罩

树木保护罩是半刚性材料，缠绑在新种植的树苗底部以帮助树苗保持直立。树木保护罩通常由聚丙烯为原料制成，通过夹子、扎带或缆绳等可能的塑料制品绑定在树苗周围。

好处和问题

树木保护罩用于林业种植园、葡萄园和果园。它们通过提供物理屏障来防止放牧动物对树木的损害，减少与杂草的生长竞争，并为树苗创造保护性微气候，从而保护新种植的树苗。

可生物降解的纸基树木保护罩（左）和
不可生物降解树木保护罩（右），意大利。

即使这些树木保护罩的设计目的是可以在原地放置数年，但使用过程中的破损和光降解最终会导致树木保护罩破碎成更小的碎片，这样可能会进一步降解成更小的大塑料和微塑料，并被在地面觅食的动物摄入。在温带海洋性气候地区植树造林的过程中，对有无增设树木保护装置的树苗生命周期的研究表明，在没有树木保护罩的情况下种植树苗是对环境更友好的选择。这项研究还评估认为，当缺乏关于化石基塑料制品和可生物降解聚合物制品降解所产生影响的数据时，聚丙烯制品比生物基替代品更可取（Boucher等，2019；Chau等，2021）。

替代品和干预措施

在提供类似益处但减少塑料制品不利影响方面，许多替代品和干预措施已经得以确定和评估。6R原则（拒绝、重新设计、减少、再利用、回收和恢复）用于确定下文和图5-4中列出的选项并对此进行分类：

- 在新种植的树苗区周围用栅栏围护，这样有助于减少或避免使用树木保护罩。
- 通过改变聚合物成分和厚度来重新设计产品，将延长树木保护罩的使用寿命或促进树木保护罩的重复利用。

替代品和干预措施	在新种植的树苗区周围用栅栏围护	增加树苗的种植密度，避免使用树木防护罩	改变聚合物成分，并增加树木保护罩的厚度，以便重复利用	重新设计制品以达到可生物降解的目的	建立生产者责任延伸制度计划，以便收集和回收
6R原则选项 拒绝	•	•			
重新设计			•	•	
减少					
再利用			•		
回收					•
恢复					
3D概念结果 破损	避免破损的风险	避免破损的风险	减少破损的可能性		
降解	避免降解的风险	避免降解的风险	避免降解的风险	避免不当降解的风险	
丢弃	减少随意丢弃和不当处理的风险	减少随意丢弃和不当处理的风险		减少随意丢弃和不当处理的风险	提升收集的可能性，减少对土壤的危害

图5-4 树木保护罩的替代品

资料来源：粮农组织，2021。

- 重新设计树木保护罩，使其完全可生物降解（由纸基或可生物降解的聚合物制成），有助于减少塑料碎片泄漏到土壤中，并避免与塑料废弃物收集和回收相关的成本和影响。
- 在放牧动物和啮齿动物所带来的压力不大的地区，增加树苗种植密度，避免使用树木保护罩。这可能会造成一些树苗的死亡，但剩余的树苗将达到成熟龄。英国林地信托基金会（Woodland Trust）正在采用这一策略（林地信托基金会，2021）。
- 建立生产者责任延伸制度计划将提高塑料废弃物收集计划的效力，从而减少塑料废弃物的随意丢弃和倾倒。

推动可持续性的法律措施

各国政府所制定的适当的生产者责任延伸制度立法，应要求树木防护罩的制造商和分销商向其客户提供相关服务来收集和回收废弃的塑料制品。此外，实施改进过的行业标准，例如森林管理委员会的国际标准，可以要求相关组织正确地管理塑料废弃物，包括收集、回收和处理废弃塑料制品的规定。

5.2.5 牲畜的耳标

耳标是由硬塑料（通常是聚氨酯）制成的牌子，可能包括嵌入塑料标签中的射频识别设备（RFID），用于存储附加信息。

好处和问题

动物的耳标用于追溯，以便对单个动物进行唯一识别，或者至少对牛群或羊群中的牲畜进行集体识别。动物的可追溯性是食物链间责制、质量保证、认证体系以及有关畜牧类产品的其他方面的要求。例如，欧盟的地区立法要求将传统耳标和电子耳标用作牛、绵羊和山羊的官方识别系统（欧盟，2019d）。

动物所佩戴的耳标可能会损坏或丢失，之后地面觅食动物可能会摄入耳标的塑料碎片。由传统塑料聚合物制成的耳标的磨损或碎裂可能导致微塑料的产生，这些微塑料积聚在土壤中并通过雨水和灌溉的径流作用泄漏到土壤中。

替代品和干预措施

- 将人工智能的生物特征识别系统与耳标结合使用。随着技术的进步，耳标可能会被取代，从而避免使用塑料（Farm4Trade，2020）。
- 采用替代标记系统，如注射式芯片耳标。
- 屠宰完动物后，对塑料耳标进行收集和回收。
- 诸如"押金返还计划"（Deposit Return Scheme）之类的激励计划可以鼓励农民从田地里收集破损或丢失的耳标，以避免耳标的随意丢弃并增加其回收再利用（图5-5）。

替代品和干预措施		使用生物特征识别系统	采用耳标替代标记系统	在屠宰场建立生产者责任延伸制度收集计划	采取"押金退还计划"来鼓励收集破损和丢失耳标的行为
6R原则选项	拒绝	•	•		
	重新设计		•		
	减少				
	再利用				
	回收			•	•
	恢复				

↓ ↓ ↓ ↓

3D概念结果	破损	避免破损的风险	避免破损的风险		
	降解	避免降解的风险	避免降解的风险		避免降解的风险
	丢弃	避免随意丢弃和不当处理的风险	避免随意丢弃和不当处理的风险	减少随意丢弃和不当处理的风险	避免随意丢弃和不当处理的风险

图 5-5　耳标的替代品

资料来源：粮农组织，2021。

耳标是通常由硬塑料制成的识别标记。

5.2.6 渔具

渔具包括各类塑料制品和聚合物制品。渔业和水产养殖企业使用漂浮塑料制品（用于制作网箱、筏子和系泊系统）、纤维形式制品（绳索和渔网）、结构组件或封闭式水产养殖组件（网箱环、浮标、水箱、管道）和薄膜（池塘衬垫、屏障膜和包装）。

好处和问题

没有塑料制品的广泛使用，现代渔业和水产养殖部门将无法运行。耐用的渔网和浮笼可显著提高这两个产业的生产力。

废弃、丢失或以其他方式丢弃的渔具（ALDFG）可能会困住海洋生物，干扰其他渔网，并可能损坏舷外发动机。这些废弃的渔具对食品安全构成威胁，导致大量计划之外和浪费成本的渔获物，损害海洋资源和渔业的可持续性。与中层渔业或中上层渔业所用的渔具相比，底拖网、定置刺网和延绳钓等底层渔具往往更容易成为废弃渔具，因为这些渔具更容易被海底障碍物卡住。渔民在进行渔业作业时，受控程序较小的渔具属于被动型或无人看管的渔具类型，例如许多类型的陷阱网、刺网和缠绕网，这些渔具也更有可能成为废弃渔具（Gilman等，2021；Macfadyen、Huntington和Cappell，2009）。捕鱼活动中产生的大部分废弃物来自在海上或港口的修补渔网。废弃物既包括大部分被切割并用新补丁替换的破损网，也包括较短的补网边角料。如果没有适当的管理，这些渔网碎片很容易泄漏到海洋中（Strietman，2021）。废弃渔网的其他来源包括非法、未上报和无管制的捕捞，恶劣的天气，缺乏废弃渔网处理设施或处理设施过于昂贵。

塑料聚合物在水中的分解方式是不同的。例如，聚乙烯、涤纶树脂和聚丙烯材质的渔具部件会缓慢磨损，浮子和浮标中的发泡聚苯乙烯会碎裂并产生漂浮和下沉的碎片。全球所有海源作业（不仅是渔业）塑料的海洋泄漏程度是高度不确定的，但估计占全球大型塑料泄漏总量的10%～30%（Sherrington等，2016）。

正如第3章所述，估计废弃渔具的数量是一项挑战，而历史估计的可靠性最近受到质疑（Richardson等，2021）。本报告估计全球每年废弃渔具量为110万吨。

多利绳是固定在底拖网底部的损耗性绳索，主要用于渔网与海床接触的底层渔业，以保护主网免受岩石或石质海底的磨损。当多利绳磨损时，它会将微塑料污染泄漏到海洋环境中。多利绳必须定期更换，Strietman（2020）估计拖网渔船每年将使用325～3 500千克的多利绳。

替代方案和干预措施

在提供类似益处但减少废弃渔具（图5-6）的不利影响方面，许多替代品和干预措施已经得以确定和评估。其中包括：

- 采取渔具标记和船上全球定位系统设备等干预措施，帮助确定渔具的所有权和位置，从而减少渔具在海洋上的丢失。
- 采用改进的设计和技术，延长渔具的使用寿命，促进磨损渔具的再利用，减少废弃或丢失渔具的幽灵捕鱼风险。欧盟委员会发布了一项关于渔具循环设计以减少其对环境影响的研究（AZTI TECNALIA等，2020）。

替代品和干预措施		渔具标记	采用船载全球定位系统技术	采用改进的设计和技术来延长渔具的使用寿命	在港口建立免费的渔网收集计划	建立强制性生产者责任延伸制度计划	用可生物降解的聚合物制造多利绳或逃生嵌板
6R原则选项	拒绝						
	重新设计			•			•
	减少	•	•				
	再利用			•			
	回收				•	•	
	恢复						
		↓	↓	↓	↓	↓	↓
3D概念结果	破损		避免渔具的破损	高标准渔具可以减少破损风险			减少微塑料污染物的风险
	降解	鼓励及时替换，避免降解					
	丢弃	确定所有权，防止丢弃			减少废弃渔网对海洋的污染风险	减少随意丢弃和处理不当的风险	

图5-6 渔具的替代品

资料来源：粮农组织，2021。

- 在港口建立免费渔网收集计划，以便对报废渔具进行回收或处理；免费的收集计划将有助于最大限度地减少回收废弃渔具的障碍，并鼓励在海上取回废弃渔具。
- 建立强制性生产者责任延伸制度计划，收集和回收不需要的渔具。
- 开发在海洋环境中可生物降解的聚合物，用于制造多利绳；将逃生舱口固定在捕鱼陷阱网上，以避免不确定的幽灵渔具的捕鱼现象。由挪威政府支持的Dsolve项目正在研究这个问题（挪威北极大学，2021）。

推动可持续性的政策和法律措施

许多国际准则涉及该领域的可持续性问题，例如联合国关于可持续渔业的第A/RES/59/25号决议和《负责任渔业国际行为守则》（粮农组织，1995）。《负责任渔业国际行为守则》中的第6.6条原则规定，"应在切实可行的基础上，进一步发展和应用严格筛选的、对环境无害的渔具和渔业实践，以维护生物多样性，保护种群结构和水生生态系统，保护鱼类质量。"

在全球层面，解决废弃渔具问题的主要国际文书是粮农组织的《渔具标识自愿准则》（粮农组织，2019a）。特定地区按照要求对渔具进行标记，例如自2009年以来就遵循欧盟理事会第1224/2009条例的欧盟，以及加拿大东部（加拿大政府，2021）。

《欧盟一次性塑料制品指令》（2019/904）将渔具列入立法所涵盖的项目（欧盟，2021）。它要求成员国：第一，为向成员国市场投放的含塑料渔具制定生产者责任延伸制度计划（第8.8条）；第二，提高对可重复利用的替代品、再利用系统和废弃物管理备选方案以及废弃物不当处理对环境影响的认识（第10条）；第三，向欧盟委员会上报每年投放市场的含塑料渔具和成员国收集的废弃渔具的数据（第13条）。

5.2.7 保温渔获箱

保温渔获箱通常由发泡聚苯乙烯制成。发泡聚苯乙烯是一种固体泡沫，含有约98%的空气。由发泡聚苯乙烯制成的保温渔获箱重量轻，防水，并具有良好的隔热性能。

好处和问题

保温渔获箱广泛用于渔业和水产养殖业，用途是将新鲜的鱼产品从渔获地运输到转化和分销地点，直至最终到达消费者手中。除了食品接触安全和保证良好的隔热性能外，发泡聚苯乙烯产品重量轻，从而减少了运输过程中的碳排放（和运输成本）。

由于发泡聚苯乙烯制品具有极低的密度，所以这类制品很容易由于风吹而随处散落。发泡聚苯乙烯制品不可生物降解，但易受光降解。一旦随处丢弃，它们往往会碎成小块，可以被动物摄入或漂浮在水域和海洋上。发泡聚苯乙烯泡沫制品在使用后难以进行消毒，而且由于它们在100℃以上温度下会软化和熔化，因此难以重复利用。由于其密度低或体积大，对发泡聚苯乙烯制品单独收集的成本高昂。此外，对发泡聚苯乙烯制品进行机械回收还需要预处理以去除附着在制品上的有机残留物。

替代品和干预措施

在提供类似益处但减少从废弃保温渔获箱中重复使用或回收发泡聚苯乙烯制品的限制方面，许多替代品和干预措施（图5-7）已经得到确定和评估。这些替代品的适用性将取决于国家或地区情况。

- 重新设计渔获箱以提高其可重复利用性，要求它们具有耐用且光滑的表面，不透水且对蒸汽和消毒化学品具有耐腐蚀性。理想情况下，它们还应具有良好的隔热性能。满足以上要求的渔获箱是可以获得的：
  - 由聚乙烯或聚丙烯制成的渔获箱，具有坚硬光滑的内外表面，层间"嵌入"隔热的内芯，如聚氨酯泡沫。这种保温渔获箱集消毒、隔热和耐用性等出色性能于一身。然而，它们可能很昂贵，而且需要多种材料制成，在使用寿命结束时回收起来也很复杂。
  - 由高密度聚乙烯制成且带有充气芯的渔获箱。其表面可以消毒，而充气芯提供部分隔热性能。这类制品由单一材料制成，便于在使用寿命结束时回收利用。
  - 由发泡聚丙烯制成的渔获箱可以重复利用。发泡聚丙烯对蒸汽消毒具有抗耐性，提供出色的隔热性，并且可能比前两种替代品成本更低。然而，此类制品表面不光滑，因此其卫生性和耐用性较差。此类制品由单一聚合物制成，便于在使用寿命结束时进行回收。

发泡聚苯乙烯制成的保温渔获箱。

重新利用的化工桶。

- 重新设计一次性渔获箱，使其具有可堆肥性能，可以让缺少回收设施的国家简化废弃物管理流程。此类制品由纸基材料和发泡可生物降解聚合物制成。这两种材料设计都具有一定的隔热性能。
- 在继续使用发泡聚苯乙烯渔获箱的情况下，建立强制性生产者责任延伸制度计划将有助于渔业部门和分销链收集废弃渔获箱进行回收或处理。

替代品和干预措施		使用可重复利用和可消毒的耐用渔获保温箱	重新设计一次性保温箱，使其具有可堆肥性能	针对渔业和水产养殖部门使用发泡聚苯乙烯渔获箱的情况，建立强制性生产者责任延伸制度计划
6R原则选项	拒绝			
	重新设计	•	•	
	减少			
	再利用	•		
	回收			•
	恢复		•	
3D概念结果	破损	减少破损保温箱分散泄漏的风险		
	降解	减少降解的风险	减少降解保温箱的危害	减少降解的风险
	丢弃	减少随意丢弃和不当处理的风险	减少随意丢弃和不当处理的风险	减少随意丢弃和不当处理的风险

图5-7　保温渔获箱的替代品

资料来源：粮农组织，2021。

推动可持续性的措施

通过采用刚性材料制作的保温渔获箱，并组织逆向物流系统来清洁和重复使用产品，欧盟各国连锁超市的相关举措推动了供应链的重组。

5.2.8　棚膜

棚膜是高度工程化的产品，通常由三层共挤压聚乙烯和其他聚合物制成，每层都含有不同的添加剂，以提高棚膜的性能和耐用性。棚膜的厚度通常在100微米到200微米之间，这会影响它们的强度和耐用性（最长延长3到4年的使用年限）。添加剂为棚膜增加的特性包括：可减缓阳光对棚膜降解作用的紫外线稳定性；防止水滴掉落和损坏植物冷凝控制特性；最大限度提高光合作用光传输和光扩散特性；减少夜间热量损失和白天热量增加的隔热特性（Bartok，2015）。

这些性能增益的有效性会随着时间的推移而降低，制造棚膜所用的塑料也会降解。塑料会因磨损、天气原因和与化学品接触而受损。棚膜制造商会指明棚膜的预期使用寿命。温室大棚的有效管理包含选择合适的框架结构和棚膜、合适的建筑构造、定期检查以及最终更换棚膜的计划。使用过的但未受污染的棚膜具有很高的回收价值（Bartok，2015）。

其他塑料制品通常也用于温室大棚中，例如编织地布、地膜、地下隧道温室、遮阳网、防虫网、灌溉管、种植袋、植物支架和无土栽培结构。

好处和问题

温室大棚内部受保护和受控的环境为农民提供了显著的好处，包括：比无保护种植下更高的产量、更长的生产季节、更好的作物质量、更少的农药施用量和用水量。此外，棚膜比玻璃或聚碳酸酯等刚性材料要便宜很多。

规格不当、结构不良、缺乏维护以及与农用化学品接触等因素，会增加棚膜磨损的可能性，从而缩短棚膜的有效使用寿命。当超过制造商建议的产品使用期限时，棚膜的性能和强度会受损。最终，棚膜会变得易碎并分裂成大塑料，增加泄漏到环境中的可能性。鉴于所有棚膜在其使用寿命结束时都会变成废弃物，全球每年棚膜废弃物的产生量与全球每年棚膜的生产量相近，估计接近300万吨（Le Moine，2018）。虽然棚膜具有积极的潜在回收价值，但仍有一部分温室大棚被废弃，其所使用的棚膜则被弃置等待降解。据估计，在西班牙安达鲁西亚自治区阿尔梅里亚省的首府阿尔梅里亚，15%的棚膜没有被收集起来，而是被非法倾倒或焚烧（Sanchez，2020）。

温室大棚内景。

废弃的温室大棚，意大利。

替代品和干预措施

考虑了上面列出的战略利益，温室大棚等保护地栽培方式将继续在有关粮食安全和气候变化的适应性战略中发挥重要作用（Maraveas，2019；Nikolao 等，2020）。以下列出了确定的主要替代品（图 5-8）：

- 棚膜可以用更耐用的替代品代替，如石英玻璃和硬质聚碳酸酯。但替代品的成本往往非常高。Maraveas（2019）为塑料和其他材料的特性和可持续性提供了指导。
- 强制性生产者责任延伸制度计划为收集和回收废弃棚膜提供了一种机制，还能推动对改进产品设计的投资，从而增加闭环材料回收的机会。带有有效期的棚膜产品标签和农民及时更换棚膜的激励措施有助于确保废弃棚膜的及时回收，从而推动生产者责任延伸计划的落实。产品标签还有助于压实从废弃温室大棚中回收棚膜的责任。
- 有关生产者责任延伸的立法还可以推动温室大棚领域全方位服务的发展，全方位服务包括农民租用温室大棚的相关服务，以及服务提供者负责温室大棚的建造、维护、棚膜的及时更换和回收。

替代品和干预措施		可能的情况下，使用更耐用的替代品	强制性生产者责任延伸制度计划	在棚膜产品标签上注明有效期	鼓励农民及时回收的激励计划	温室大棚的全方位服务商业模式
6R 原则选项	拒绝	•				
	重新设计	•		•		•
	减少					
	再利用					
	回收		•	•	•	•
	恢复					
3D 概念结果	破损	避免产生破损塑料的风险		防止采购标准以下的产品	及时更换棚膜，避免破损	及时更换棚膜，避免破损
	降解	避免产生降解塑料的风险		鼓励及时更换棚膜，避免降解	鼓励及时更换棚膜，避免降解	鼓励及时更换棚膜，避免降解
	丢弃	避免塑料达到使用期限	减少随意丢弃和处理不当的风险	防止随意丢弃和处理不当	减少随意丢弃和处理不当的风险	减少随意丢弃和处理不当的风险

图 5-8　棚膜的替代品

资料来源：粮农组织，2021。

5.2.9　青贮膜

青贮饲料是通过青饲料作物的厌氧发酵制成的动物饲料。发酵过程有助于长期保存饲料的营养品质。塑料薄膜用于排除空气和雨水，并为发酵提供适当的条件。这些塑料薄膜包括：青贮堆的耐用覆盖膜、用于散装和打包青贮饲料的一次性管袋、单个捆包的包膜。

好处和问题

塑料薄膜为保持青贮饲料的制备和储存提供了一种有效且低成本的手段。

与棚膜一样，青贮堆上使用的耐用塑料薄膜在进行不良堆存操作时可能会损坏。如果没有适当的奖惩举措，青贮膜用户可能会延迟更换超过生产商所建议使用寿命的青贮膜。

一次性管袋必须在移开青贮饲料后得到处理。当使用车辆将青贮饲料运输给动物时，青贮膜往往会受到污染。污染物可能包括土壤、动物粪便、垫料和其他农场废弃物，这增加了物流和废弃物管理的成本，还可能限制废弃物回收的选择范围。

单个青贮裹包通常首先用高密度聚乙烯网或聚丙烯麻绳固定，上面包裹低密度聚乙烯薄膜。在投喂给动物之前，需要去除这些塑料制品。留在青贮裹包中的薄膜、网或麻绳残留物会损害以青贮饲料为食的动物的健康（佛罗里达大学兽医学院，2012）。除非分别收集由不同聚合物制成的包膜，否则废弃物可持续管理的选择和经济效益极其有限。与青贮饲料管袋一样，如果包膜被残留的青贮饲料、粪便、土壤和石头所污染，包膜废弃物管理的成本会增加，回收的机会就会减少。据报道，2014年，加拿大萨斯喀彻温省79%的农民在他们的农场焚烧用过的青贮包膜（Friesen，2014）。

替代品和干预措施

- 将耐用的青贮膜产品贴上标签，以确定制造商和更换日期。这将有助于避免青贮膜的过度使用（有降解和分散泄漏的风险），使它们按照生产者责任延伸计划得到处理。

- 重新设计用于制造青贮裹包膜的设备和塑料：重新设计打包网、麻绳和薄膜（和打包设备），以最大程度地减少不同塑料化合物的产生量，这将减少农场塑料制品的分离工作。用薄膜代替捆包网是由 Göweil Maschinenbau GmbH（2021）推动的。增加再生塑料在制造过程中的比例将提高循环性。重新设计捆包网和打包机可以降低青贮饲料对捆包网的污染程度，并提高回收的经济性。一项研究表明，对于最多只能保存六个月的青贮裹包，可生物降解薄膜是有效的，并且与使用低密度聚乙烯薄膜打包的青贮饲料效果相似（Borreani 和 Tabacco，2014）。在青贮饲料裹包需要在室外长时间储存，并且在阳光照射达到高温的情况下，使用可生物降解的塑料不太可能成为解决方案（图5-9）。

替代品和干预措施		将青贮膜产品贴上标签，以确定制造商和更换日期	重新设计打包设备	青贮裹包中的一次性包膜和兼容性塑料	建立强制性生产者责任延伸制度计划	出台激励举措以促进青贮膜不受污染和及时回收
6R原则选项	拒绝					
	重新设计	•	•	•	•	•
	减少		•			
	再利用					
	回收			•		
	恢复				•	
		⬇	⬇	⬇	⬇	⬇
3D概念结果	破损	通过鼓励及时更换青贮膜以避免产生破损				
	降解	通过鼓励及时更换青贮膜以避免产生降解				
	丢弃	防止随意丢弃和处理不当	减少废弃青贮膜的产生量并促进回收	废弃青贮膜的更高价值促进其回收	防止随意丢弃和处理不当	废弃青贮膜的更高价值促进其回收

图5-9 青贮膜的替代品

资料来源：粮农组织，2021。

包膜青贮包和随意丢弃的包装，大不列颠及北爱尔兰联合王国。

随意丢弃的青贮包，大不列颠及北爱尔兰联合王国。

- 建立强制性生产者责任延伸制度计划将有助于推动青贮膜的回收再利用。教育和激励农民将不同的塑料产品分类并将污染降至最低，将改善废弃青贮膜回收和经济效益。在青贮膜受污染导致无法进行机械回收时，第6.4.7节中讨论的化学回收可能为废弃青贮膜的管理提供解决方案。加拿大拉瓦尔大学的学生创新研讨会审查了加拿大魁北克省对每年产生的1.1万吨废弃青贮膜的处理选择方案。他们认为，将废弃青贮膜进行化学回收再利用于路面沥青中是最合适的潜在选择（Bombardier- Cauffopé，2021）。

5.2.10　植物支架捆扎绳

好处和问题

有些作物在种植过程中需要使用支架，包括：自然攀缘植物，如啤酒花、某些豆科植物和黄瓜；葡萄和果树；无法支撑果实重量的高产品种，如西红柿；使用水培法栽培的植物。悬浮聚丙烯捆扎绳和网架为植物生长提供了低成本和坚实的支撑框架。柔性和可拉伸的塑料管或夹子也用于将植物绑扎到支撑框架上。

在种植季结束时，必须清除捆扎绳和植物残留物。捆扎绳和网架等与植物的缠结使得这些塑料制品与植物残留物的分离变得困难。无论如何，通常不建议重复使用聚丙烯捆扎绳和网架，因为可能存在上次收获时的病虫害残留。切断的捆扎绳等塑料制品存在被随意丢弃到田地里的风险。

替代品和干预措施

田地里的植物支架捆扎绳，意大利。

- 使用可堆肥的捆扎绳、结绳和网架作为替代品，避免了在塑料制品使用寿命结束时与植物残留物分离的需要。此类产品可以由剑麻、黄麻和大麻等天然植物材料制成。植物支架捆扎绳和网架也可以由农场可生物降解和可堆肥的塑料制成。欧盟资助的"LIFE BioTHOP"项目证明了在斯洛文尼亚啤酒花生产中使用聚乳酸捆扎绳的有效性。作物收获结束时，捆扎绳和植物残留物在农场直接进行堆肥，这些堆肥可用作土壤改良剂或作为植物盆等可生物降解产品的原料（斯洛文尼亚酒花和酿造研究所，2021；Rayns等，2021）。通过对不可生物降解产品征税的财政措施可能有助于推动天然植物制成或可堆肥塑料制成的捆扎绳的应用。

- 在不可能转用可堆肥或可生物降解替代品的情况下，生产者责任延伸制度计划和回收可以改善废弃物的管理。强制性生产者责任延伸制度计划可确保对捆扎绳和缠绕植物残留物的收集。堆肥预处理过程可以让植物残留物进行生物降解，并促进不可生物降解的捆扎绳和结绳的分离和回收，便于之后的再利用。然而，由于捆扎绳具有不同规格，它有可能在堆肥过程中碎裂，所产生的微塑料会污染堆肥（图5-10）。

替代品和干预措施		使用可堆肥的植物支架捆扎绳和网架	制定财政举措，鼓励使用可生物降解的捆扎绳	强制性生产者责任延伸制度计划
6R原则选项	拒绝		•	
	重新设计	•		•
	减少			
	再利用			
	回收			•
	恢复	•		•
3D概念结果	破损			
	降解	避免降解成微塑料的可能性	避免降解成微塑料的可能性	
	丢弃	在农场直接堆肥能避免塑料废弃物的随意丢弃和不当处理	避免不当处理的风险	收集废弃物可以避免不当处理

图5-10 捆扎绳的替代品

资料来源：粮农组织，2021。

5.2.11 空的农药容器

根据粮农组织1999年发布的第一份指导文件（粮农组织，1999），由于农药残留物的性质，空的农药容器长期以来一直被认为是对公众健康和环境的潜在危害。根据粮农组织和世卫组织共同制定的《国际农药管理行为守则》（粮农组织和世卫组织，2014），粮农组织和世卫组织对农药管理备选方案提供了指导。国际作物生命协会是一个农药制造商协会，作为其农药产品管理计划的一部分，国际作物生命协会与各国政府密切合作。国际作物生命协会支持建立空农药容器收集和管理计划，并于2015年发布了建立此类计划的路线图（国际作物生命协会，2015）。2019年，已建立的空农药容器收集和管理计划在全球40多个国家实行，还在其他20个国家开展了试点（国际作物生命组织，2021a）。

好处和问题

初级农药包装的设计和制作材料应根据国家作物保护法规定的国际标准为基础，并应尽量减少农药暴露给使用者、公众和环境造成的不必要风险。农药容器的设计应考虑其使用寿命的所有方面，包括运输、储存、使用和废弃物管理。农药配方有多种物理形式，包括液体、粉末、颗粒、固体块和气体，这些形式都需要不同的容器设计和尺寸。最常见的农药容器制作材料类型是由聚丙烯、高密度聚乙烯和共挤结构高密度聚乙烯和尼龙制成的硬质瓶子，以及由塑料薄膜制成的多层和铝箔的大小袋子。所有农药容器都应该是坚固耐用的，并能抵抗农药的化学成分侵蚀。

空的农药容器坚固耐用且设计精良，也可用于储存包括食品在内的其他商品。

空的农药容器的再利用对人类健康和环境构成风险。上文提到的指导文件建议采用三重漂洗以消除农药残留污染的做法，并刺穿农药容器以防止其被重复利用。

空的农药容器对于假冒农药的重新包装也很有吸引力。据估计，全球假冒农药销售比例在10%～15%，最高可达25%（Frezal和Garsous，2020）。

农药并不总是装在大小合适的容器中。小规模种植的农民通常只需要少量的农药，这可能导致农药零售商将农药重新包装到未经批准的容器中，例如用过的涤纶树脂碳酸饮料瓶。这种做法会构成重大风险，并受到《国际农药管理行为守则》的禁止。为了满足这一市场，某些制造商在柔性多层塑料袋中以小批量、单剂量的形式供应农药。这些小袋，特别是对于装有液体农药配方的小袋，如果不在人为干涉的情况下，可能很难打开和净化，并且经常作为垃圾留在田间。出于这个原因，一些制造商并不会对任何空的软质农药包装进行

漂洗。由多层塑料制成的小袋，特别是铝箔的小袋，其缺点是难以回收利用
（Kaiser、Schmid和Schlummer，2017）。

替代品和干预措施

- 鉴于使用小剂量小袋装农药对健康和环境构成的风险，各国政府最好逐步
淘汰和禁止使用小剂量小袋装农药。这将进一步推动人们努力设计更安
全、更可持续的替代品，例如重新设计的农药包装和本节后面所述的喷雾
器服务提供商。其他不可回收的农药包装也可以逐步被淘汰。2020年，中
国政府颁布了《农药包装废弃物回收处理管理办法》（农业农村部和生态
环境部，2020），其中第十三条规定，"鼓励农药生产者使用易资源化利用
和易处置包装物、水溶性高分子包装物或者在环境中可降解的包装物，逐
步淘汰铝箔包装物。"

- 促进三重漂洗和刺穿的做法可以减少受污染的空农药容器的危害并提高
其可回收性。清空农药容器后立即进行三次漂洗可以显著降低污染水平
和造成危害的可能性。漂洗液可以在农药喷雾桶中使用，这样就不会造
成任何漂洗液的浪费。刺穿农药容器可防止其被重新用于储存食物和
水。应通过针对农药用户的宣传和教育方案来促进这些实践。当农药
容器按照生产者责任延伸制度计划进行处理时，应对其进行检查以确
保没有可见的农药残留物（国际作物生命组织，2015；粮农组织和世
卫组织，2008）。各国政府可以进行立法：第一，要求农药使用者适当
漂洗、刺穿和将空的农药容器收集到指定的生产者责任延伸计划收集
点；第二，要求农药制造商在农药标签上附上农药容器漂洗和回收的
说明。

为作物喷洒农药的农民。

由高密度聚乙烯制成的农药容
器，厄立特里亚。

- 农药容器的智能标签和跟踪可用于帮助农药用户识别假冒农药，通过分销渠道向用户提供农药容器跟踪服务，以及将其收集到针对空农药容器的生产者责任延伸制度计划（Frezal 和 Garsous，2020）。使用区块链标记化等技术也可以支持相关的激励计划，以鼓励农药容器的回收。

- 为农药容器建立和执行国家强制性生产者责任延伸制度计划，明确界定利益相关方的作用和责任，将有助于确保合法进入市场的所有农药容器能够按照该计划进行适当的回收或处理。使用大容量的农药容器将有助于推动对回收基础设施的投资，并提高塑料的循环利用。生产者责任延伸制度计划在第 6.4.1 节中进行了进一步详细讨论。

- 激励计划可促进空的农药容器的回收。鉴于空的农药容器在一些国家的再利用价值，鼓励农药用户将空的农药容器退回到回收计划可能是有益的。这种激励措施的形式可以是购买其他农产品的信贷或农业补贴的交叉遵守要求。

- 农药喷雾器服务提供商可以避免让每个农民都需要使用农药。在小规模农业社区，农民可以接受培训和喷雾器设备，以便向邻居提供农药喷洒服务。这种服务避免了每个农民都需要有农药库存和施用设备的情况。它避免了不安全的小剂量农药包装或重新包装到其他不合适的容器中。然而，对此类服务的依赖可能会增加农药的使用，而不是促进更可持续和可能成本更低的虫害管理做法。

- 专门设计的可再填充农药容器可用于多次重新填充和重复使用，以进行农药的销售或分销。这种容器用于美国的大型农场，美国的农药规定包括对可再填充农药容器和重新包装的特别条款（图 5-11）。

5.2.12　收获和分配用途的塑料袋和塑料麻袋

在一些国家，小规模生产者使用塑料袋和塑料麻袋来盛放所收获的蔬菜和水果并将其运往市场。

好处和问题

塑料袋和塑料麻袋便宜、轻便且易于获得。

水果和蔬菜很容易受损和被压碎，失去价值。塑料袋很容易损坏，必须经常更换。

替代品和干预措施

- 使用可重复使用的硬质塑料或木箱可以保护收获的果蔬不被压碎，减少粮食损失并保持价值。市场贸易商可以向农民提供板条箱并管理分销链。南亚国家对西红柿采用这种做法可减少高达 87% 的食物损失（粮农组织，2019b）。在存在疾病传播风险的地方，在将板条箱送回农场之前需要进行

替代品和干预措施	禁止使用危险和不可回收的农药容器	提倡对农药容器三重漂洗和刺穿做法	农药容器的智能标签和跟踪	建立强制性生产者责任延伸制度计划	建立促进农药容器回收的刺激计划	小规模农业社区的农药喷洒服务	使用专门设计的可再充农药容器
6R原则选项 拒绝							
重新设计							
减少							
再利用							•
回收		•		•	•		
恢复							
3D概念结果 破损							
降解							
丢弃	减少随意丢弃和处理不当	减少随意丢弃和处理不当所造成危害的风险	减少随意丢弃和处理不当	减少随意丢弃和处理不当	减少随意丢弃和处理不当	减少随意丢弃和处理不当	减少随意丢弃和处理不当

图 5-11　农药容器的替代品

资料来源：粮农组织，2021。

消毒。在这种情况下，具有坚硬、光滑和不透水表面的板条箱（如由高密度聚乙烯制成的板条箱）将使消毒更容易（图 5-12）。

装在卡车上板条箱里的金丝雀瓜。

柔性集装袋中的马铃薯。

替代品和干预措施		禁止使用塑料袋	促进使用可重复利用的板条箱
6R原则选项	拒绝	•	
	重新设计		•
	减少		
	再利用		•
	回收		
	恢复		

3D概念结果	破损		更强的抗损性
	降解	避免因过度使用塑料袋而造成的降解	不太容易降解
	丢弃	减少随意丢弃和不当处理	减少随意丢弃和不当处理的风险

图5-12　用于收获和分配的塑料袋和塑料麻袋的替代品

资料来源：粮农组织，2021。

5.2.13　浸渍农药的水果套袋

香蕉种植园使用浸渍农药的塑料套袋来保护生长过程中的花朵和果实。这种一次性袋子在果实收获时将被移除。

香蕉装在塑料套袋中，以保护它们免受昆虫和寄生虫的侵蚀。

传送设备上的香蕉，装在塑料套袋或护套内上，并带有塑料泡沫保护垫，厄瓜多尔。

好处和问题

水果套袋可以保护水果免受天气、昆虫和其他害虫的侵蚀。它还能提供促进水果生长的微气候。

在收获果实时，除非有一个收集用过的套袋的计划，否则这些袋子最终可能会被丢弃在种植园里。种植园通常位于无法获得适当回收设施或处理设施的地区。

替代品和干预措施

- 翻新种植园和清理水果套袋的残留垃圾可以提高种植园未来的果实产量。美国香蕉公司金吉达（Chiquita）对公司直接控制的种植园的复兴计划已经去除了高达1吨/公顷的塑料套袋残留物。而且，在随后的果实收获中，这有助于将产量提高25%（Chiquita Brands LLC，2019）。

- 设计含有农药配方的可堆肥水果套袋，这些农药配方也可以降解成低危害化合物，这可以让使用过的水果套袋直接在种植园堆肥。

- 当地的回收行动也可能是可行的，但残留在塑料套袋中的农药残留限制了将其重新制作成新产品的机会，这些产品几乎没有人类接触。在国际作物生命协会建立的空农药容器收集计划（国际作物生命协会，2015）的蓝图中，此类产品被确定——包括围栏立柱和排水管。将套袋回收后用作出口香蕉盒的托盘护角作为备选方案，这已经经过了调查研究。由于某些进口商拒绝接受塑料护角，认为这样使回收变得复杂化，因此研究结果好坏参半。此外，还可以将回收后的套袋用作建筑材料以供当地市场使用。在回收过程中，回收工人存在接触农药的风险，并可能将这种风险带给再利用产品的使用者。各国政府可以对此类回收过程和产品进行监管，以避免接触农药的风险。《国际农药管理行为守则》和农药行业为制造此类再生塑料的产品类型提供了指导（国际作物生命协会，2015；粮农组织和世卫组织，2008）（图5-13）。

5.3　其他存在潜在担忧的塑料制品

在编写本报告期间，其他塑料制品由于难以回收而分散泄漏在环境中，因此它们被确定为存在潜在风险的塑料制品。应进一步调查这些塑料制品，以找到改善其循环性的替代品或机会。

5.3.1　无纺布防护纺织品

开阔田地上的无纺布"抓毛绒"用于覆盖早期种植的幼苗，以避免受到霜冻的影响。使用无纺布防护纺织品可以让农民在种植季早期将园艺作物

替代品和干预措施		翻新种植园以移除土壤中的塑料废弃物	使用可堆肥水果套袋	建立当地回收再利用体系
6R原则选项	拒绝			
	重新设计		•	•
	减少			
	再利用			
	回收	•		•
	恢复	•	•	

3D概念结果	破损			
	降解	避免往季塑料废弃物的进一步降解	避免降解的风险	
	丢弃	防止往季塑料废弃物的随意丢弃或倾倒	避免随意丢弃和不当处理的风险	进行收集以减少不当处理

图5-13 水果套袋（用于香蕉培育）的替代品

资料来源：粮农组织，2021。

移植到户外。它们通常与滴灌和地膜结合使用。无纺布的物理结构使其易于留存土壤，导致难以去除的高度污染，从而限制了无纺布的回收再利用潜力。

无纺布防护纺织品。

从田间移除一个月后的无纺布防护纺织品，显示了受土壤污染的程度，意大利。

5.3.2 弹性绷带

弹性绷带用于阉割幼畜或对幼畜进行断尾，尤其是绵羊。弹性绷带是应用于动物尾巴和睾丸的具有松紧性的绷带。消毒用弹性绷带阻止血液流动，导致幼畜的尾巴萎缩和脱落。在牲畜自由游荡的地方，用过的弹性绷带散落在农田上。弹性绷带颜色鲜艳，便于识别，易于从田野中进行手动回收。然而，弹性绷带的收集依赖于农民的主动性。完全可生物降解的弹性绷带可以省去收集回收的麻烦。

5.4 小结

定性风险评估确定了13种需要进一步评估的塑料制品，其中聚合物包膜肥料、农药容器和地膜被确定为高度优先事项。

在参考6R原则（拒绝、重新设计、减少、再利用、回收和恢复）的情况下，表5-3展示了为提高每种塑料制品的可持续性并减少其对环境的影响而确定的措施。

在实践中，具体的替代品或干预措施取决于塑料制品、地方或国家基础设施和社会经济框架的情况。然而，相关分析揭示了一些潜在的主题，涵盖了一系列农用塑料制品：

- 实行避免使用塑料制品的农业实践和替代品，例如种植覆土作物和使用生物基材料作为薄膜或使用天然植物麻绳。这可以为改善土壤和碳捕获带来额外的益处。
- 禁止使用存在高污染风险的塑料制品和聚合物。
- 为塑料制品、相关设备和使用方法制定最低标准，以尽量减少塑料制品泄漏到环境中的风险并提高其可回收性。

用于羔羊的阉割和断尾的弹性绷带，大不列颠及北爱尔兰联合王国。

©K. Ramsay

- 建立和执行生产者责任延伸制度计划。
- 尽量减少障碍，激励用户以可持续的方式管理农用塑料制品。
- 用天然产品或完全可生物降解的聚合物制成的产品取代由不可生物降解的传统聚合物制成的产品，这些替代产品要符合根据其特定使用条件而量身定制的特定标准。
- 引入产品标签，以帮助识别、追踪和回收。
- 重新设计商业模式，使塑料制品的制造商或分销商将其作为服务的一部分提供，而不是作为以交易为单一目的的商品销售。

表5-3 为所选农用塑料制品确定替代品和干预措施

产品	替代品和干预措施
聚合物 包膜肥料	• 禁止使用不可生物降解聚合物。 • 指定使用可生物降解的包膜，使其在土壤中完全生物降解。
地膜	• 避免使用塑料的覆盖地膜做法。 • 重新设计可生物降解的地膜。 • 禁止使用聚氯乙烯地膜。 • 提高地膜强度，以提高其可回收性并降低其泄漏到环境中的可能性。 • 重新设计地膜，使其可在多个种植季节重复利用。 • 使用塑料制品标签。 • 实施强制性生产者责任延伸制度收集计划。 • 实施激励措施和交叉遵守，以鼓励对环境负责的行为。 • 重新设计回收设备。 • 重新设计商业模式，将农用塑料制品作为服务提供，包括回收和废弃物管理。
滴灌带	• 通过转用更永久性的灌溉系统（例如水培法）来避免使用滴灌带。 • 重新设计以提高可回收性和可重复利用性，以便在多个种植周期重复使用。 • 用相同的聚合物重新设计滴灌带的所有组件，以提高可回收性。 • 禁止使用聚氯乙烯。 • 使用塑料制品标签。 • 实施强制性生产者责任延伸制度收集计划。 • 实施激励措施和交叉遵守，以鼓励对环境负责的行为。 • 重新设计回收设备。 • 重新设计商业模式，将农用塑料制品作为服务提供，包括回收和废弃物管理。
树木保护罩	• 避免使用树木保护罩，而是在新种植的树苗区周围用栅栏围护，以减少动物伤害。 • 通过增加树苗种植密度来避免使用树木保护罩。 • 重新设计产品以延长使用寿命或促进重复使用。 • 重新设计产品，使其完全可生物降解。 • 建立生产者责任延伸制度计划。

（续）

产品	替代品和干预措施
牲畜的耳标	• 避免使用塑料，采用替代标记系统，如注射式芯片耳标。 • 推进和采用生物识别技术，最终消除对塑料耳标的需求。 • 动物被屠宰后对耳标进行回收。 • 鼓励农民对损坏和丢失的耳标进行收集和回收。
渔具	• 标记渔具并使用船载全球定位系统设备识别渔具所有权和位置。 • 采用技术标准以延长渔具的使用寿命并促进再利用。 • 在港口或港湾为不需要的渔具制定免费收集措施，鼓励将其收集回收或处理。 • 建立强制性生产者责任延伸制度计划。 • 开发在水中可完全生物降解的产品，以避免微塑料并减少幽灵捕鱼现象。
保温渔获箱	• 重新设计保温渔获箱，以实现有效的清洁（消毒）和重复利用。 • 重新设计一次性保温箱，使其具有可堆肥性。 • 为发泡聚苯乙烯制成的一次性渔获保温箱建立生产者责任延伸制度计划。
棚膜	• 通过使用更耐用的替代品（如石英玻璃或硬质聚碳酸酯）减少塑料薄膜的使用。 • 建立生产者责任延伸制度计划，并建立激励机制以促进对废弃棚膜的回收。 • 使用塑料制品标签，标明棚膜预期的有效使用寿命。 • 重新设计商业模式，将提供棚膜作为一种服务，包括回收和废弃物管理。
青贮膜	• 用标签标记耐用的青贮膜，包括预期的有效使用期限。 • 重新设计青贮裹包膜的设备和塑料制品，以提高可回收性并最大限度地减少不同。 • 塑料化合物的种类。 • 建立生产者责任延伸制度计划。
植物支架	• 重新设计植物支架，使其具有可生物降解性。 • 不鼓励使用不可生物降解的植物支架。 • 为不可生物降解的植物支架建立生产者责任延伸制度计划。
空的农药容器	• 禁止使用危险和不可回收的农药容器。 • 促进三重漂洗和穿刺的做法。 • 使用智能标签和跟踪。 • 建立生产者责任延伸制度计划。 • 启动激励计划，鼓励用户将用过的农药容器回收给分销商或制造商。 • 重新设计商业模式，引入喷雾器服务提供商。 • 引入可重复使用的农药容器。
用于收获和分配的塑料袋和塑料麻袋	• 促进使用可重复利用的板条箱。
浸渍农药的水果套袋	• 使用可生物降解的聚合物重新设计产品。 • 在香蕉生产中心建立回收业务。

资料来源：粮农组织，2021。

6 形成良好管理规范的现有框架和机制

6.1 向可持续农业粮食体系转型

良好的农业管理规范旨在在经济、社会和环境等方面实现粮食和其他产品的可持续生产。用于解决农用塑料问题的政策决定应当全面，以支持向可持续农业规范过渡。这种过渡的目标应该是产生同使用塑料相似的好处，同时，防止农用塑料因损坏、降解、丢弃而释放到环境中，并通过将塑料制品提升到6R（拒绝、重新设计、减少、再利用、回收、恢复）层次结构来提高可持续性（图6-1）。

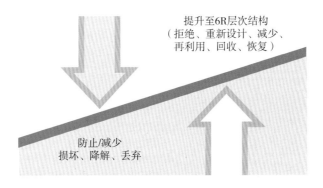

图6-1　良好的农业塑料管理规范原则
资料来源：粮农组织，2021。

实现这一转变的方式因塑料制品、农业类型、地方及区域基础设施和治理条件而异，涉及一系列技术解决办法、立法工具和改变行为的倡议。

卡拉西克等人（2020）编制了一份清单，列出了2000年至2019年期间制定的解决塑料污染问题的地区、国家、区域和国际政策及法律措施。他们确定了

291项明确关注解决塑料污染问题的政策和法律文件，并将法律措施分为三类：监管手段、经济手段和信息手段。他们明确了2000年之前通过的5项具有约束力的国际协议，及研究期间制定的28项协议，尽管其中大多数是不具有约束力的文书。这一清单的主要发现是，没有"全球的、有约束力的、具体的、可衡量的目标来减少塑料污染"，且这些措施主要与海洋污染和微塑料有关。

6.2 国际政策和法律文书

表6-1概述了与农用塑料有关的主要国际政策和法律文书。它们被归类为具有法律约束力的国际公约或协定、为最优方法提供建议的行为守则和自愿准则以及不具约束力的国际宣言。国家和区域管理机构可使用行为守则和自愿准则作为立法基础。

表6-1 与农用塑料有关的主要国际政策文书概要

机制	标题	与塑料的相关性
对各方有约束力的国际公约	伦敦公约（1972）及其议定书（1996，2006修订）	防止在海上倾倒废弃物。
	《联合国海洋法公约》（联合国，1982）	第十二部分有保护海洋环境的一般原则，包括各国防止、减少和控制海洋环境污染的一般义务，还包括沿海国家应确保遵守国内法、防止污染等若干责任。
	《国际防止船舶造成污染公约》（MARPOL）（国际海事组织，1983）	附件五（2018年修订）禁止向海洋丢弃塑料。
	《国际水道非航行使用法公约》（1997）	为共同的水质目标制定双方同意的措施和方法。
	1989年签署、2019年修正的《控制危险废弃物越境转移及其处置的巴塞尔公约》（巴塞尔公约的秘书处，1989）及相关技术准则	塑料废弃物修正案于2019年通过，并于2021年1月1日生效。它们旨在采取"一系列行动，防止和尽量减少塑料废弃物的产生，促进环境无害管理和控制越境转移，减少塑料废弃物中有害成分的风险；以及提高公众意识、教育和信息交流"（巴塞尔公约秘书处，2020a）。2002年关于塑料废弃物无害环境管理的技术准则正在更新中（巴塞尔公约秘书处，2002）。持久性有机污染物审查委员会还将塑料碎片和微塑料作为塑料稳定剂的远距离运输载体。
	《关于持久性有机污染物的斯德哥尔摩公约》（POPS）（斯德哥尔摩公约秘书处，2001）	消除持久性有机污染物。含无意中释放的持久性有机污染物，如露天焚烧塑料。2019年1月，建议用于防止塑料聚合物被紫外线降解的塑料添加剂UV-328按照公约审查上市（斯德哥尔摩公约秘书处，2021）。

（续）

机制	标题	与塑料的相关性
不具约束力的国际声明	气候变化《巴黎协定》（联合国，2015）	虽然《巴黎协定》没有提到塑料，但从化石资源中生产塑料和对废弃塑料的不良管理导致了全球温室气体排放。 然而，《联合国气候变化框架公约》确实将循环经济作为一种解决方案。采用塑料循环经济方法将有助于各国减少温室气体的排放，从而做出国家贡献。
	《生物多样性公约》（联合国，1992）	敦促缔约方加紧步伐，避免、尽量减少和减轻海洋垃圾，特别是塑料污染对海洋和沿海生物多样性及栖息地的影响（第14/10号决定）。
	区域海洋公约：共有18项区域海洋公约和行动计划，其中一些公约涵盖国家管辖范围以外的地区，包括阿比让、安提瓜、巴塞罗那、布加勒斯特、卡塔赫纳、赫尔辛基、吉达、科威特、利马、内罗毕、努美阿、《保护东北大西洋海洋环境公约》；和东亚海域、西北大西洋及南亚海域行动计划。	除其他事项外，这些公约和行动计划旨在解决来自海洋和陆地的海洋污染。
	《里约环境与发展宣言》（联合国环境与发展会议，1992）	《宣言》包括国际承认的若干重要环境原则，特别是"污染者付费"原则（原则16）和预防原则（原则2/24）。
	《2030年可持续发展议程》（联合国，2015）	可持续发展目标12.4呼吁各国："到2020年，根据商定的国际框架，实现化品和所有废弃物在其整个生命周期内的无害环境管理，并大幅减少向空气、水和土壤的排放，以尽量减少对人体健康和环境的不利影响。" 可持续发展目标12.5呼吁各国："到2030年，通过预防、减少、回收和再利用，大幅减少废弃物产生。" 可持续发展目标14.1呼吁各国"到2025年，防止并大幅减少各种海洋污染，特别是来自陆地活动的污染，包括海洋垃圾和营养物污染。"
国际行为守则和相关指导	《国际农药管理行为守则》（粮农组织和世卫组织，2014），并实施了指导文件	为空农药容器的管理提供原则和指导。
	《负责任渔业行为守则》（粮农组织，1995） 《渔具标识自愿准则》（粮农组织，2019a）	建议采取行动避免丢弃和废弃渔具，并建议进一步发展和使用经过严格筛选、保护环境的渔具和做法。 提供渔具标记的指引，处理弃置、遗失或以其他方式丢弃的渔具。

（续）

机制	标题	与塑料的相关性
国际自愿指导方针和标准	《食品法典》（粮农组织和世卫组织，2021）	《食品法典》是制定食品安全标准的法定主体，其目的是"保护消费者的健康，确保食品贸易中的公平做法"（粮农组织和世卫组织，2021b）。它由食品法典委员会监督，该委员会经联合国粮农组织和世卫组织联合倡议，于1962年成立。其行为准则和指导方针影响了农业粮食价值链中使用的塑料产品，特别是与食品接触材料有关的塑料产品。该报告还评估了微塑料对食品安全的影响。

　　尽管有这些政策和法律文书，但塑料制品生命周期的许多方面包括农业粮食价值链中的塑料产品，仍未在全球层面得到解决。这是这些政策和法律文书的一个主要缺失，第七章将讨论一项新的全面的国际文书以扭转这一局势。

　　这一分析表明，除了海洋环境中使用的塑料外，大部分的农用塑料不受国际文书的管制，法律文书只在不同的范围内零散地提到了一些相关内容。另一方面，国际环境法的既定原则——特别是"污染者付费"原则、预防行动原则、合作原则和预防原则——适用于农用塑料及其废弃物，并为进一步的法律或政策行动提供了理论基础。

6.3　国家和区域立法

　　区域和国家层面制定了各种类型的政策和法律文书，以帮助减少塑料泄漏到环境中并改善其循环性。表6-2对这些措施进行了举例说明。

表6-2　区域和国家层面解决塑料污染的主要措施类型

类别	机制	描述	举例
政策	长期战略和目标	国家和地区监管机构制定了多方面的战略目标，以协调一致的方式解决地球面临的主要威胁，包括气候变化、生物多样性的丧失和污染。	欧盟的"绿色协议"是一个路线图，旨在到2050年使欧洲实现碳中和。它涵盖了八个领域："清洁、可负担和安全的能源；清洁和循环经济；能源和资源节约型建筑；可持续和智能交通；公平、健康、环保的'从农场到餐桌'的食品体系；保护和恢复生态系统和生物多样性；零污染，打造无毒环境"（欧盟，2019年）。2020年1月，中国宣布了一项五年计划，旨在消除一次性塑料垃圾。到2025年，将分阶段禁止一次性塑料产品的生产、分销、消费和回收（Waste360，2020）。一些国家已经制定了国家生物经济战略（BioSTEP，2021）。

（续）

类别	机制	描述	举例
监管/自愿	生产者责任延伸制度（EPR）	规定塑料制品供应链中的生产商和其他利益相关者有义务管理其废弃的塑料制品。 有些计划是由生产者自愿建立的，没有监管义务，而有些则是通过立法强制实施的。通过将废弃物管理的成本内部化，最大限度地减少用户退回废弃物的财务障碍。 它还可以刺激更可持续的产品创新和回收市场创新。	A.D.I.VALOR（法国）是一个自愿性的生产者责任延伸制度，涉及从作物生产和畜牧部门收集各种废旧塑料制品的加工商、分销商和农民。inpEV（巴西）是一个收集空农药容器的法律强制计划。法规于2000年和2002年制定（Lei nº 9.074/00和监管标准），规定农药制造商和分销商有义务建立收集和回收计划，农民有义务执行这些计划。InpEV是农药容器最有效的生产者责任延伸制度计划，进入市场的容器回收率为94%（InpEV，2019）。
监管	产品标记，报告和跟踪	规定供应链中的行为者和用户有义务保存塑料产品的购买记录，并将废弃物送回循环再造或以无害环境的方式处置。 这些措施可以促进立法的执行。	中国2020年《农用薄膜管理办法》（第4号令）提出了广泛措施，以防止地膜污染土壤，并尽量减少使用和促进回收利用（市场监管总局等，2020）。它包括标记薄膜和记录其销售和使用的要求，以实现可追溯的目标。巴西购买农药和回收空容器的记录系统提供了执法机制，推动了inpEV计划的高回收率。
监管	产品禁令	禁止高污染和缺乏循环机制的塑料制品。	由于微塑料的风险，氧化可降解塑料已被欧盟禁止（欧盟，2019b）。同样，欧盟肥料法规将在2026年前禁止不可生物降解的肥料聚合物包膜的使用（欧盟，2019c）。
监管	产品标准	为产品及其性能设定最低标准。这样的标准降低了污染的风险，提高了循环性。在制造过程中设定回收材料的最低使用水平，可以刺激循环、实现对回收基础设施的投资。 制订标准的机构包括：美国材料与试验学会（ASTM），国际标准化组织（ISO）和欧洲标准化委员会（CEN）。	2017年，中国出台了更严格的标准（GB 13735-2017），规定了不可生物降解地膜的最小厚度，以提高其从土壤中回收的能力（中国农业科学院和农业农村部，2020）。 欧洲标准化委员会（CEN）制定了适用于可堆肥塑料的EN 13432标准和适用于可生物降解塑料地膜的EN 17033标准。
经济	税收激励机制	为把已用塑料纳入生产者责任延伸制度计划的使用者提供额外利益，以增加可供循环的塑料数量	关于在初级生产和分销中使用农用塑料的事宜，该报告未发现任何激励计划。 为饮料瓶等消费品包装推出押金退还计划。

（续）

类别	机制	描述	举例
经济	环境税和减免计划	对特定产品和活动征税，以提供经济动力，促进使用更可持续的解决方案。同样，税收减免可以激励与可持续实践相关的投资和支出。	英国有一系列的环境税、减免和商业计划，包括旨在增加垃圾填埋场成本的"垃圾填埋税"计划（大不列颠联合王国政府和北爱尔兰，2021a，2021b）。其目的是提高替代方案的竞争力，例如避免废弃物和回收。 欧洲共同农业政策支持意大利三个地区的农民使用可生物降解的地膜。（意大利农业、食品、林业和旅游部，2018）。
信息	基于良好农业规范和产品管理标准及认证的自愿合规计划	私营部门机构制定了良好农业规范和产品管理标准，并依此控制和认证农业生产者。 这些证书为价值链下游的利益相关者以及最终的消费者提供了信心，使其相信产品是按照适当的标准生产的。	GLOBALG.A.P.是一家总部位于德国的标准制定公司，为作物生产、牲畜和水产养殖制定良好的农业规范。它目前的《综合农场保障》标准包括废弃物管理的一般要求，特别是空农药容器。（GLOBALG.A.P.，2020 b）。 森林管理委员会要求其成员组织"以适合环境的方式处理废弃物"，从理论上讲，这应该包括塑料废弃物。

6.4 关键措施

本节介绍了在全球区域内已经确定或正在实施的关键措施，这些措施支持塑料制品的可持续管理实践，并尽量减少其不利影响。

6.4.1 生产者责任延伸制度

原则

经济合作与发展组织（OECD）将生产者责任延伸制度定义为"一种将生产者对产品的责任扩展到产品生命周期后消费阶段的环境政策方法，"（经合组织，2001）。从本质上讲，它使生产者能够确保其产品在使用周期结束时得到适当的收集和回收（或处置），并将环境和其他外部性成本内部化到产品价格中（Monier等，2014）。除此以外，生产者责任延伸制度的实施方式将取决于所涉产品的特性，因此可以相应地加以区分，以达到最佳的效果。目前大多数生产者责任延伸制度计划主要针对的是消费者或市政一级的塑料包装。

生产者责任延伸制度计划可以由单个公司实施，也可以通过生产者责任组织（PRO）集体实施。单个公司或生产者责任组织无须直接提供收集及循环再造服务，而是与第三方签订合约，由第三方执行。除了落实该计划外，他们还至少承担单独收集指定塑料制品并确保它们得到充分回收或处理的成本，以及梳理和报告用于追踪该计划有效性的数据（Monier等，2014）。这可能出于自愿，也可能是由法律规定的（Watkins等，2017）。

生产者责任延伸制度有许多不同的模型，每个模型都有其优缺点。尽管如此，所有方案都需要解决一些共同的问题（Hogg等，2020；经合组织，2016），包括：

- 确保向生产商/进口商收取的费用充分覆盖收集和回收/处理成本，并反映产品产生的外部性环境。后者将有助于推动创新，将产品提升到6R（拒绝、重新设计、减少、再利用、回收、恢复）等级，并最大限度地减少用户退回淘汰产品的财务壁垒。
- 确保市场保持竞争力。这旨在减轻自愿计划中的"搭便车"问题——生产者不参与其产品的收集和再循环。这就要求有效和公平地执行各项计划。
- 制定计划，使其在报告中是负责的和透明的。这对于一些产品来说至关重要，比如有大量小生产者和进口商的产品以及农药等非法产品（联合国区域间犯罪和司法研究所，2016）。
- 建立产品供应链中所有利益相关者的角色和责任：生产商、进口商、分销商、零售商、用户和废弃物管理组织。
- 将现有的非正式收集和回收的工人纳入新的生产者责任延伸制度计划，并使其升级。缺乏足够废弃物回收处理基础设施的发展中国家往往会面临这个问题，如从垃圾场收集特定材料的拾荒者（国际固体废弃物协会，2015）。
- 这些计划需要向不隶属于更大正式集体的小农提供机会。

关于生产者责任延伸制度的一些实用指导方针包括：

- 为实施公约而编写的关于生产者责任延伸制度和融资系统的巴塞尔公约实用手册草案，其中包括塑料（巴塞尔公约，2018）。
- 经合组织的《扩大生产者责任：有效废弃物管理的最新指南》（经合组织，2016）。
- 为欧盟委员会准备的报告《生产者责任延伸制度指南的发展》（Monier等，2014）。

目前的农用塑料生产者责任延伸制度和收集计划

目前特定国家或区域在实施一些计划（表6-3列出了部分清单）。其中包括由含塑料制品生产商或进口商资助的计划（即生产者责任延伸制度计划），或由农民和私营废弃物收集商和回收商资助的计划。后者是纯粹的商业运作，只有在运营计划之人能够盈利的情况下才可行。

从本质上讲，回收的净成本（收集和处理已用塑料制品的成本小于回收物的价值）低于所有其他合法处置方案。

表6-3　特定收集和回收计划项目下不同区域的农用塑料产品种类

地区	国家	计划	开始时间	计划类型	害虫容器	地膜	塑料薄膜（捆包等）	袋子（用于灌溉和其他事项）	麻绳和网	灌溉管	其他
北美	美国	农业容器回收委员会	1992	自愿	■						
	美国	革命塑料	1991	自愿			■	■			
	加拿大	清洁农场	1989	自愿	■			■			■
拉美	巴西	巴西国家空包装处理研究所（InpEV）洁净场体系	2002	强制	■	■	■	■			
	危地马拉	洁净场体系	1998	自愿	■						
欧洲	法国	欧洲农业、塑料和环境协会（APE），致力于农业垃圾回收利用的农民、经销商、工业制造商（A.D.I.VALOR）	2001	自愿	■	■	■	■	■	■	■
	德国	德国塑料回收循环协会（ERDE）	2013	自愿			■	■	■		
	德国	德国农业包装材料回收体系（PAMIRA）	1996	自愿	■						
	爱尔兰	爱尔兰农场薄膜生产集团（IFFPG）	2001	强制			■	■	■		
	挪威	挪威绿点	1997	强制			■	■			■
	俄罗斯	生态极	2016	自愿		■	■				
	西班牙	西班牙环境、农业与塑料组织（Mapla）	2020	自愿		■					
	英国	绿色拖拉机网络	2018	自愿	■			■			
非洲	南非	植保协会	2010	自愿	■						
	南非	Drom Monster（一家收集废弃农药塑料瓶的组织）	2013	自愿	■						
亚洲	中国	植保协会	1998	自愿	■						
	韩国	韩国环境公团	2008	强制	■	■	■				
大洋洲	新西兰	农业恢复和塑料回溯	2006	自愿	■	■	■	■			
	澳大利亚	农场废弃物回收	2015	自愿		■					
	澳大利亚	农业安全	1999	自愿	■						

收集和回收的效率因方案和收集的产品类型而异。来自欧洲非包装塑料产品农业协会的数据表明，以收集的塑料废弃物数量（可能包括污垢或植物残留物等污染物）和在选定国家投放市场的数量份额计算，收集率在50%到84%之间（图6-2），回收数量的循环率在80%到100%之间变化。然而，未知的是污染程度和被回收设施拒绝的数量。此外，至少有16%的农用塑料尚未回收利用。

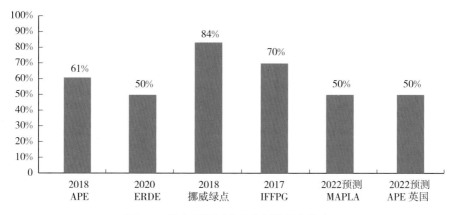

图6-2　选定欧洲国家的农用塑料收集率

资料来源：APE，2021；A.D.I.VALOR，2020；Kunststoffverpackungen，2021。

2019年，全球共有57个废旧农药容器管理操作计划。其中许多计划是通过包括国际植保协会在内的农药制造商协会的产品管理计划建立的。

最成功的计划是由生产者责任组织InpEV代表农药制造商和进口商在巴西开展的"坎普林普"计划。

该计划每年管理近4 600万吨塑料，回收94%的收集容器，并收集该国销售的近94%的初级农药包装（InpEV，2019）。

巴西计划的成功主要是因为法律规定农药行业有义务为其提供资金，农民有义务将用过的农药容器运送到逆向物流收集系统。通过跟踪系统，在农民购买农药与返回空容器的行为之间建立了联系，从而强化了执行。

表6-3中所示的许多计划都是由生产者责任组织针对单个产品发起的，这些产品通常是空的农药容器，由农药行业资助。为提高规模经济效益，并为农民提供一站式的塑料废弃物管理服务，一些计划开始收集和回收更多的农用塑料废弃物。

由农药行业和农用塑料制造商共同资助的法国A.D.I.VALOR组织成立于2001年，收集最广泛的农用塑料。经过近20年的发展，该计划接受了各种不同的农用塑料废弃物：地膜；温室薄膜；青贮饲料薄膜；包捆、网和麻绳；

抗冰雹网；非织造纺织品；饲料、种子、肥料袋；滴灌管；使用过的个人防护用品；农药容器和不需要的及废弃的农药。除去地膜（土壤和植物残留物阻碍回收利用），该计划接受的所有剩余塑料产品中，约有90%被回收利用（A.D.I.VALOR，2020）。方案开发的各个阶段如图6-3所示。

农业生产者责任延伸制度计划要获得农业、渔业和林业部门的广泛采用，实现高回收率，并维持农业地区和水域的无污染，关键的成功因素是：

（1）该计划应在法律上规定生产商、进口商、分销商、零售商和用户的义务；

（2）该计划应得到有效执行，以确保供应链中的所有利益相关者遵守该计划，执行措施可包括对供应商、产品和用户实行许可证制度，以及鼓励遵守规定的措施；

（3）应要求供应链保存销售记录，以便执行；

（4）应收集各类农业、渔业废弃物；

（5）应尽量减少农用塑料用户执行该计划的障碍，包括便于废弃物的分类和储存，便于废弃物的收集和存放，以及尽量减少遵守计划的财务障碍；

（6）应鼓励参与计划的有关人士进行研究，以改善产品的设计，提高产品对使用者的效益，同时改善产品的环保表现；

（7）应有足够容量的废弃物回收基础设施；

（8）需要开展宣传活动，以提高对塑料制品使用和废弃物管理最佳实践的认识。

还有一些挑战和其他因素需要考虑。在由非正式个体废弃物收集者提供服务的部分地区，生产者责任延伸制度计划的设计需要仔细考虑这些工人。此外，也需要审查小规模自给农业占主导地位的地区。这是因为大多数生产者责任延伸制度计划往往主要服务于废弃物产生相对集中的城市地区，而小农户和小农场可能以不同的方式产生少量废弃物。此外，后者在收集和运输条件方面也更有可能面临挑战。

由于缺乏正式生效的生产者责任延伸制度，这些地区主要依赖农民和废弃物收集者及再处理者自愿遵守的倡议，因此很容易受到宏观和微观经济变化的影响。如废弃物立法的变化或回收后销售收入的下降会使这些举措无法盈利。如果没有生产商的资助，这些计划可能难以达到材料的"临界质量"，无法形成规模经济。

为一些农用塑料在再加工之前开发可用于清洁和干燥的基础设施。

6.4.2 禁止选定的塑料制品和塑料聚合物

作为减少环境中"微塑料释放或形成"战略的一部分，欧盟近年来推出了一些具体禁令：

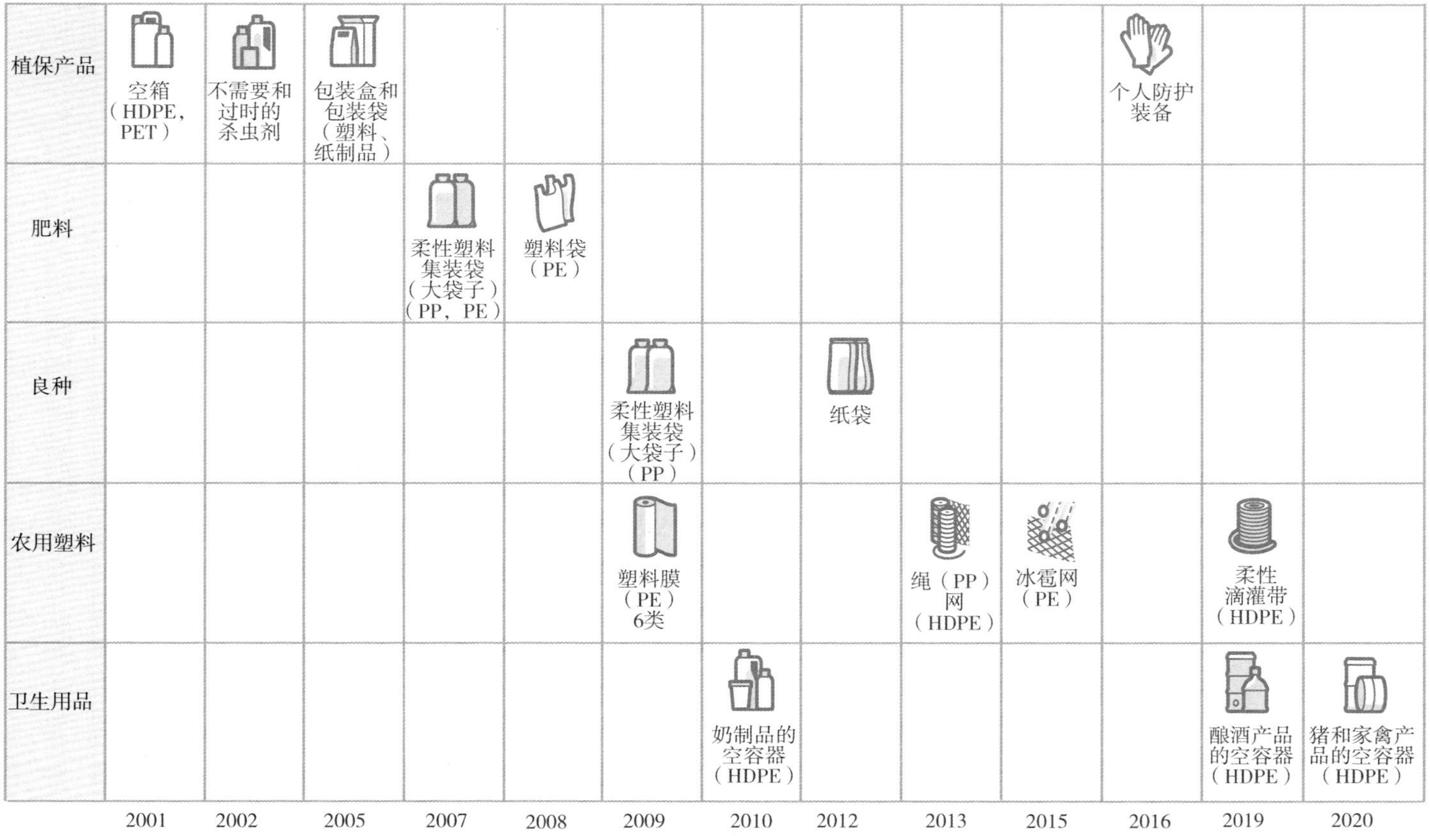

植保产品														个人防护装备			
肥料	空箱（HDPE，PET）	不需要和过时的杀虫剂	包装盒和包装袋（塑料，纸制品）														
良种				柔性塑料集装袋（大袋子）（PP，PE）	塑料袋（PE）	柔性塑料集装袋（大袋子）（PP）				纸袋							
农用塑料						塑料膜（PE）6类	奶制品的空容器（HDPE）		绳（PP）网（HDPE）		冰雹网（PE）				柔性滴灌带（HDPE）	猪和家禽产品的空容器（HDPE）
卫生用品															酿酒产品的空容器（HDPE）	
	2001	2002	2005	2007	2008	2009	2010	2012	2013	2015	2016	2019	2020

图6-3　由A.D.I.VALOR管理的农场废弃物的发展情况

资料来源：A.D.I.VALOR，2020。

97

首先，欧盟肥料产品法规规定，2026年7月16日之后，不应使用不可生物降解的聚合物生产控释肥（欧盟，2019e）。该法规要求欧盟委员会在2024年7月之前评估恰当的生物降解性标准并确定测试方法。

其次，《一次性塑料指令》指出，2021年7月之后应禁止氧化可降解塑料制品投放欧洲市场（欧盟，2019a）。虽然这与农用塑料没有特别的关系，但它确实意味着用氧化可降解塑料制成的产品将不允许在欧盟成员国销售。2017年，艾伦·麦克阿瑟基金会提出禁止氧化可降解塑料包装进入市场，因为有证据表明"氧化可降解塑料包装违背了循环经济的两个核心原则"，同时此举也支持了预防原则的应用（艾伦·麦克阿瑟基金会，2017a）。

最后，根据欧盟《关于化学品注册、评估、许可和限制规定》（REACH）法规，一项更普遍的禁令正在制定中，限制在任何类型的消费塑料制品或专业塑料制品中故意添加微塑料颗粒（欧洲化学品管理局，2019年，2021年）。欧洲化学品管理局风险评估委员会和社会经济分析委员会为施肥塑料制品、植物保护塑料制品、杀菌剂和种子处理的生效限制提出了不同的过渡期。尽管目标是减少微塑料排放，但较长的过渡期反映出开发替代方案能力以及社会经济效益的不确定性（欧洲化学品管理局风险评估委员会和欧洲化学品管理局社会经济分析委员会，2020）。

6.4.3 塑料制品标准和认证

明确最低质量标准和性能要求的标准已被各种农用塑料产品采纳，无论是因为法律要求，还是有限干预或无政府干预的私营部门的倡议。

不可生物降解地膜的厚度标准

不可生物降解地膜的规格在不同地区和国家有所不同，部分取决于作物、气候、土壤条件及产品的价格和可用性。表6-4显示了不同国家不同薄膜厚度（量规）的比较。

表6-4　不同国家和地区地膜厚度的比较

	欧洲	美国	中国	日本
平均膜厚（微米）	15～20	15～20	10	15
原地过度破碎的风险	低	低	高	高
数据来源	a）；b）	a）；b）	b）；c）	a）

资料来源：a) Liu、He和Yan，2014；b) Tsakona和Rucevska，2020；c) 中国农业科学院和农业农村部，2020。

薄地膜在地里有撕裂和分裂的倾向，这使得它们难以去除（Liu、He和Yan，2014）。虽然较厚的地膜单位面积塑料用量更大，但总的来说，它们更容易去除、清洁和回收。收获后旧地膜的回收率取决于许多因素，包括最初的施用方法、土壤的性质、在使用过程中所遭受的破坏以及去除地膜时的强度和力度。

在本研究期间与专家进行的咨询表明，膜厚度被认为是影响可回收性的最关键因素。然而，关于地膜厚度与其恢复率之间的关系缺乏一致的数据。表6-5显示了2014年的原始数据。10微米地膜的32%的低回收率低是合理的，与中国使用此类地膜的数据相匹配。然而，对于最厚的25微米地膜，据所传证据表明，回收率可高达98%。

表6-5　不同膜规下塑料膜的平均回收率

薄膜厚度（微米）	从田地中回收的比率（%）
25	90
20	75
10	32

资料来源：Deconinck，2018。

针对使用薄地膜造成的中国农田普遍存在的塑料污染（所谓的"白色污染"），中国农业部于2017年制定了《农膜回收行动方案》。其中规定地膜厚度应由8微米增加到10微米，通过新产品标准GB 13735-2017推出（中国农业科学院和农业农村部，2020）；根据Deconinck（2018）的数据，这一变化仍有可能使土壤中留下约68%的塑料。尽管如此，《农膜回收行动方案》还呼吁改进去除技术，增加回收利用，这些行动已被纳入《农用薄膜管理办法》（农业农村部，2020）。

根据自发自愿的欧洲标准化委员会（CEN）标准EN13655（Eunomia，2020），欧洲非生物可降解地膜的最小厚度为20～23微米。循环塑料联盟（2021）目前正在制定非生物可降解地膜的进一步标准，旨在提高可回收性和再循环能力。

插文7对薄地膜和厚地膜在土壤中的塑料积累量进行了估计和比较。左图显示了Liu、He和Yan（2014）描述的在亚洲使用地膜（8微米）的情况。这种地膜的使用率为每年每公顷63千克。这些地膜很难去除，回收率低至32%（Deconinck，2018）。左图显示了塑料在土壤中的累积，回收率分别为32%和50%。右图显示的情况类似于欧洲，使用较厚的地膜（20微米），配合有质量的管理措施，回收率可以达到90%至98%。这类地膜的年平均用量为每年每公顷185千克（Guerrini、Razza和Impallari，2018）。堆积率假设所有的塑料碎片都留在土壤顶部20厘米处。

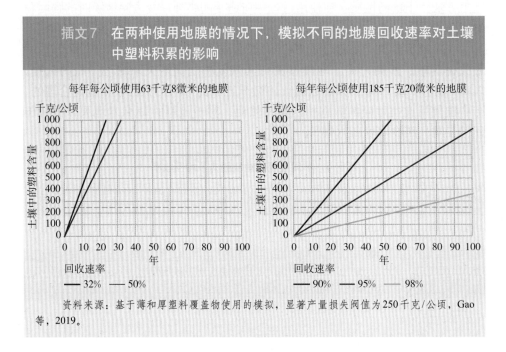

插文7　在两种使用地膜的情况下，模拟不同的地膜回收速率对土壤中塑料积累的影响

资料来源：基于薄和厚塑料覆盖物使用的模拟，显著产量损失阈值为250千克/公顷，Gao等，2019。

在中国，当土壤顶部20厘米的塑料积累水平超过250千克/公顷的阈值时，就会对作物产量产生严重影响（Changrong，2018；Gao等，2019）。

对比表明，对于薄膜而言，10年内可达到250千克/公顷的污染阈值，而较厚的地膜则需要70年才能达到。虽然较厚的地膜可以减少每年对环境的泄漏率，但需要做更多的研究来确定这种泄漏是否可持续。

可生物降解和可堆肥产品标准

可生物降解和可堆肥产品的相关标准是复杂的，部分原因在于定义、测试标准和测试介质的差异。插文8中概述了主要的定义。

插文8　可生物降解和可堆肥塑料定义

关于"生物可降解""生物基""生物塑料""可堆肥"和"可降解"有许多不同的定义。一些是功能定义，而另一些则在国际标准或法律中规定（欧盟，2020；Kjeldsen等，2019；WRAP，2020）。以下定义来源不同，主要基于它们与农用塑料的相关性（Defra，2021；Gilbert等，2015）：

生物基塑料——这些塑料是由非石油生物来源的聚合物制成的。它们包括植物和微生物聚合物，可以被设计成可生物降解或不可生物降解。

可生物降解塑料——这些塑料被自然存在的微生物（如细菌和真菌）分解成水、生物质、二氧化碳和甲烷等气体。生物降解的速度取决于环境条件，如温度、湿度、存在的微生物群以及是否存在氧气（Degli Innocenti 和 Breton，2020）。可生物降解塑料可以由生物基和化石基的前体制成，有时是两者的混合物。

可堆肥塑料——这些是可生物降解塑料的子集，在堆肥条件下分解成水、生物质和气体。工业堆肥条件是最理想的，即温度超过55℃，高湿度且含氧。

可降解塑料——在特定的环境条件下，它们的物理结构会发生重大变化，导致结构性能的丧失。可降解塑料通常分解成更小的碎片，这些碎片可能是可生物降解的，也可能不是，这取决于聚合物的类型。不可生物降解的聚合物在原位分解成小碎片会导致微塑料环境污染（见第4章），氧化可降解塑料属于这一类塑料。

术语"生物塑料"——文献中经常提到"生物塑料"——这是一个不精确的术语，可交叉使用，意为生物基的、可生物降解的，或者两者兼而有之（见图6-4）。国际纯化学与应用化学联合会不鼓励使用这个术语（Vert等，2012）。

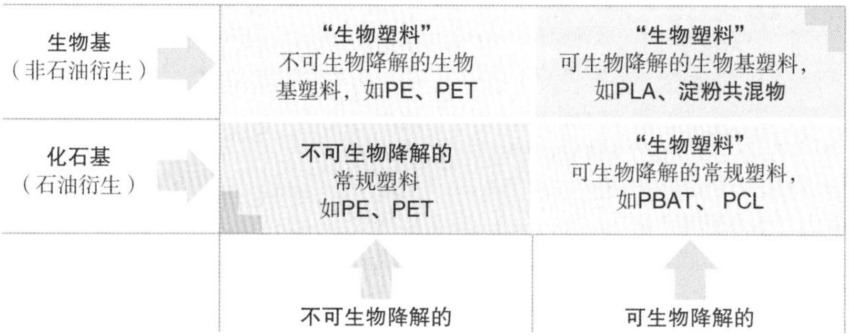

图6-4 生物塑料、生物可降解和生物基之间的关系
资料来源：粮农组织，2021。

表6-6概述了使用符合一种或多种公认标准的材料生产的各种农用塑料制品。然而，在实践中，塑料制品可能以"可生物降解"和"可堆肥"的方式销售，尽管并不总是符合相应参考标准，甚至根本就没有经过测试。这可能会让

消费者感到困惑，并可能被销售不适当塑料制品的营销人员利用，即所谓的"绿色清洗"营销（Szabo和Webster，2020）。

认证环节为既定标准提供独立第三方合格性评估，并向消费者保证标有"可生物降解"和"可堆肥"的塑料制品是符合规定的。这是一个重要的环节，有助于确定塑料制品的性能。世界上有许多不同的认证机构，包括生物可降解产品研究所（美国和加拿大），DIN-CERTCO和TÜV奥地利（欧洲），Compostabile-CIC（意大利），澳大利亚生物塑料协会（澳大利亚和新西兰）和日本生物塑料协会（日本）。认证机构聘请独立的实验室进行测试，并允许获得认证的产品带有认证标志。

表6-6 可生物降解和可堆肥农产品的示例和标准

部门	产品	标准	测试环境	参考文献
农业	地膜	EN 17033	土壤	Multibiosoil，2019；Guerrini、Razza和Impallari，2018；Gastaldi，2018。
	夹子	EN 17033	土壤	Malinconico，2018；de Beaurepaire，2018。
	绳索和麻绳	EN 17033 EN 13432	土壤 工业堆肥	Inštitut zahmeljarstvo in pivovarstvo Slovenije，2021。
	信息素释放器	EN 13432 ASTM D6400	工业堆肥	Malinconico，2018。
	青贮饲料薄膜	EN 17033	土壤	Borreani和Tabacco，2014。
	花盆	EN 13432 ASTM D6400	工业堆肥	Inštitut zahmeljarstvo in pivovarstvo Slovenije，2021。
渔业	网	ASTM D6691 ASTM D7991	海水 海洋沉积物	Kim等，2016；LifeGhost，2020。
消费者	食品包装	EN 13432 ASTM D6400	工业堆肥	www.compostabile.com https://bpiworld.org/

6.4.4　农业实践和供应链保证计划

除了对选定的农用塑料制品进行认证外，目前还对覆盖面更广的农业实践实施了一些管理计划。这些计划的总体目标是提供标准，农产品或生产者可以根据这些标准获得认证，以证明它们是可持续生产的。总的来说，这些计划有可能改善农业价值链的环境情况，特别是零售商已经开始将其作为采购政策的一部分，以兑现他们对企业、社会和环境责任的承诺；客户和股东都越来越需要意识到这一点。

下面列出了一些标准和计划的案例：

全球良好农业操作认证

全球良好农业操作认证（GLOBALG.A.P）是一个私营部门组织，制定了涵盖作物、牲畜和水产养殖生产等各方面的自愿性标准，最常见的标准是综合农场保证标准（IFA）。全球良好农业操作认证与135个国家的160个认证机构合作，检查员在农场层面进行审核。该组织旨在提振消费者对粮食生产安全的信心，同时完善良好的农业规范。这些标准在全国范围内实施，由全球良好农业操作认证组织提供国家解释指南。

迄今为止，尽管全球良好农业操作认证的标准与可持续发展目标中的一些目标一致，但该组织并没有专门聚焦农用塑料或塑料废弃物。综合农场保证标准的修订版本于2022年发布，包括农业废弃物的具体参考，并扩展到塑料制品（GLOBALG.A.P，2020a）。

森林管理委员会

森林管理委员会（FSC）是一个促进可持续林业实践的全球性组织。它监督一个涵盖50多个国家森林网络的国际自愿认证方案。

国际标准在当地进行解释，并在每个国家成为获批的国家标准，然后由独立的认证机构进行认证。

虽然国际标准只要求组织"以适合环境的方式处置废弃物"（森林管理委员会，2015），但一些国家，如印度尼西亚，在其国家标准中更大程度地体现了这一点，规定了林业组织应如何管理和处置所有废弃物。鉴于对森林管理委员会标志的广泛认可及其市场渗透率，国际标准通过森林管理委员会在各国工作的机构及各国的国家标准有进一步说明的空间。

全球报告倡议组织

全球报告倡议组织（GRI）是一个独立的国际组织，为企业和其他组织提供可用于报告其可持续性影响的报告标准。该组织正在制定农业、水产养殖和渔业的可持续性标准，于2022年初发布（全球报告倡议组织，2021）。

6.4.5 产品标签和标记

在多种塑料制品上，通常（特别是在法律规定的情况下）会贴签注明使用说明、处置说明和制造商详细信息，比如农药容器上的标签。这样的标签及其所述信息有助于用户了解如何在使用周期结束时管理塑料制品。

出于执法目的，塑料制品在供应链中的可追溯性对其使用和生命周期结束的管理来说是关键因素。产品标签和标记及相关记录可以帮助执法机构确定产品被不当使用或处置的责任方。虽然没有足够的数据来评估其有效性，但有一些可追溯的农业塑料制品标签例子。

渔具的标签和标记

从2020年起，所有加拿大东部未保养的固定齿轮绳都应该用彩色标记以确定目标物种和特定区域（加拿大政府，2021）。在整个欧盟，渔具应该贴上标签以遵守共同渔业政策（欧洲理事会，2009）。然而，人们已经承认，现有的法律要求未提供足够的激励来促使渔民将渔具带上岸进行收集和处理（欧盟，2019a）。在全球范围内，标记也一直由联合国粮农组织的《渔具标识自愿准则指南》推动（粮农组织，2019a）。

农用薄膜的标签和标记

在中国，2020年《农用薄膜管理办法》对农膜的标签和可追溯性设定了一系列标准。这包括要求地膜和温室膜生产商"在每卷地膜和每一米地膜上添加可识别的企业标识，以促进产品可追溯性和市场监管"（农业农村部，2020）。此外，农用薄膜的生产者、销售者和使用者都必须保存薄膜的销售和使用记录，以便完全可追溯。这些措施已于2020年9月实施，其有效性尚待评估。

6.4.6 产品替代或替代做法

监管干预也可用于推动创新、投资和使用更可持续的塑料制品和做法。奖励机制包括税收和其他财政措施，应与逐步淘汰不太可持续的塑料制品和做法相衔接，也可鼓励采用替代做法。本节提供了一些案例。

可生物降解/可堆肥聚合物

用可生物降解、可堆肥塑料代替传统聚合物制造农业塑料制品的示例和标准列于6.4.3节的表6-6。特别是地膜，根据EN 17033标准生产的生物可降解地膜已被认为可以有效使用。在某些情况下，这些方法已被成功使用，原位生物降解的速率与种植周期大致相似。相反，在每年播种和收获两到三种作物的情况下，可能会发生部分分解的薄膜堆积（James等，2021）。因此，有必要研制分解速率和生物降解速率适配特定作物周期和气候条件的塑料制品（表6-7）。

尽管生产商宣传可生物降解薄膜比不可生物降解薄膜更具成本效益，但农民对可生物降解薄膜的接受速度较慢。在撰写本报告时，尚未对接受缓慢的原因进行彻底调查。可能有许多因素，包括可生物降解塑料制品价格较高，需要改造铺设设备，并对其性能及其对作物和土壤的影响存在担忧。

非塑料制品

一些塑料制品可以用不会带来同样环境风险的替代材料代替。另外，农艺实践的变化可以消除对某些塑料制品的需求，例如使用覆土作物（Rodale Institute，2014）。表6-8列出了其中的一些备选方案。

表6-7 生物可降解制品替代的潜在案例

特征	产品举例
有可能当作垃圾丢弃的塑料制品。	• 牲畜割尾和去雄产生的废弃物； • 地膜。
与植物残留物纠缠在一起的产物。	• 支撑植物的绳和网； • 植物夹； • 蘑菇种植袋。
避免出现渔具的幽灵捕捞现象。	陷阱和渔网上的逃生板系带。

资料来源：粮农组织，2021。

表6-8 农业塑料产品替代品案例

产品	替代品	优势	劣势
（塑料）护树架和（塑料）树木保护罩	硬纸板	无需收集回收——可以留在原地。	可能需要涂上一层可生物降解的薄膜以保持寿命； 减少光线透过。
	竹子		体积更大，运输成本更高； 减少光线透过。
植物及苗木盆	椰子壳	使用周期结束后可用作堆肥。	仅限于椰子生长的地区。
	纸	在使用周期结束时可以堆肥或留在原地。	结构可能不够完整。
	土块	没有任何形式的限制。	结构可能不够完整。
地膜	覆土作物	不再需要购买和移除薄膜； 生物质最终分解并改善土壤； 材料可在当地获得。	需要改变农艺实践； 机械化可能会更困难； 可能会出现一些植物病理学问题。
	生物质		
支撑植物的绳和网	以植物为基础的绳	不需要从植物残留物中分离塑料废弃物； 植物残余物和网可以一起堆肥。	无。
鱼笼	以植物为基础的树枝、棍、刷子	生物质最终会分解，不会损害海洋环境。	结构可能不够完整； 刚硬，因此在渔船上占据更大的体积。
渔网和罗网上的逃生口系带	以植物为基础的绳，如棉花	麻绳在水中可降解并变弱。	无。

资料来源：粮农组织，2021。

非塑料替代品：纸制盆。

非塑料替代品：椰壳作为花盆；乌干达。

可回收塑料制品

改变塑料制品的规格可以将其从单用途产品转变为多用途产品。膨胀聚苯乙烯箱广泛用于鱼类和其他海产品的运输。它们携带轻便，并且具有良好的绝缘性能，对需要在冰上保存的产品十分有用。然而，它们的低密度导致收集成本高，易被丢弃，而且如果被鱼渣污染，会很难回收。此外，塑料的低成型温度使它们难以用蒸汽清洗，但这是保证食品安全的必要做法。

现在一些鱼类价值链开始使用发泡高密度聚乙烯（HDPE）或聚丙烯（PP）这类可再利用的渔获箱。这些渔获箱可以用蒸汽消毒，当用于当地供应链时，可以实施逆向物流路线。这方面的例子包括意大利和大不列颠及北爱尔兰联合王国的Co-operative生活超市。

特定机械的使用

农业机械的创新既可以促进塑料制品的回收利用，也可以促进替代产品的使用。

在法国，农业塑料委员会（CPA）和A.D.I.VALOR与一家设备制造商合作，设计了一种地膜去除机，可以将塑料物理污染的质量从50%～70%降低到10%～30%，同时保持工人的生产力（Arbenz等，2018）。

日本开发出来了一种小型、简单的机器，可以在一串纸盆里种植幼苗。该技术已出口到美国，据称对密植作物效果最好（Small Farm Works，2021）。

6.4.7 回收技术和基础设施

有两种主要的商业塑料回收技术：机械回收和化学回收。2019年，北美只有约10%的消费后塑料被回收，主要是机械回收，再生塑料仅满足6%的原材料需求（Closed Loop Partners，2019）。国际原子能机构正在开发回收塑料废弃物的核技术（原子能机构，2021a）。

机械回收

机械回收是指根据制造塑料垃圾的聚合物类型，将塑料垃圾分成不同部分。这些部分被清洗、粉碎和热挤压以产生聚合物珠，这些聚合物珠可以被转化器用来生产使用相同聚合物的新塑料制品。有一些塑料垃圾很难回收，特别是：

（1）含有高浓度污染物且不易去除的塑料薄膜。根据土壤和植物残留物水平，不可生物降解的地膜属于这一类。A.D.I.VALOR证实，在法国，这些地膜被丢弃在垃圾填埋场。

（2）由不同聚合物和其他不易分离的材料合成而成的塑料制品。例如，用于农药小袋和共挤塑料瓶的铝化聚乙烯薄膜。

化学或原料回收

化学回收利用解聚技术将塑料分解成基本的化学物质，这些化学物质可以成为新的塑料制造工艺的原料。化学回收有三大类：产生聚合物的净化方法；产生单体的解聚、分解方法；以及生产石化产品和精炼碳氢化合物的原料回收、转化方法（英国塑料联合会，2021；闭环合作伙伴，2019）。

化学回收被认为是处理不适合机械回收的塑料废弃物的潜在解决方案，如共挤混合聚合物、多层膜和镀铝膜，以及难以分离的混合聚合塑料废弃物。

基于塑料回收目标的监管通常以机械回收为基础。

循环塑料联盟正在研究如何将化学回收纳入欧盟的目标，即从2025年起每年回收1 000万吨塑料制成新产品。

然而，人们对化学回收的环境影响和有效性提出了担忧，特别是其能源需求（欧洲零废弃物，2019）。也有人认为，不能机械回收的塑料使用填埋法可能更环保、更可持续。艾伦·麦克阿瑟基金会提出了一个标准，通过使用质量平衡方法来测量化学回收塑料制品的回收含量（艾伦·麦克阿瑟基金会，2020）。也有人对这一办法提出关切，特别是如何实施（Tabrizi、Crêpy和Rateau，即将出版）。

回收基础设施

在全球范围内，只有78%的塑料废弃物，包括包装和非包装物品，被收集起来，其中只有30%被回收利用（皮尤慈善信托基金和SYSTEMIQ，2020）。

因此，22%的塑料垃圾仍未被收集；农村地区是最不可能被收集服务覆盖的地区。

图6-5显示了区域一级的差异，以及因而产生的改善收集回收基础设施的需要。在北美和欧洲（以及中亚），几乎产生的所有废弃物都得到收集，其他区域需要加强废弃物收集，包括塑料废弃物收集，确保有足够的处理能力，以

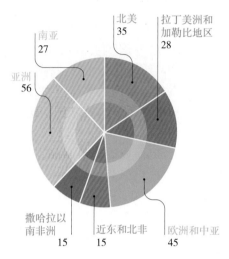

塑料废弃物的产生（百万吨）

南亚 27
北美 35
拉丁美洲和加勒比地区 28
亚洲 56
撒哈拉以南非洲 15
近东和北非 15
欧洲和中亚 45

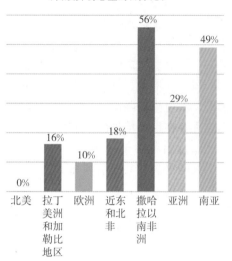

未回收的垃圾
（占废弃物总量的百分比）

北美 0%
拉丁美洲和加勒比地区 16%
欧洲 10%
近东和北非 18%
撒哈拉以南非洲 56%
亚洲 29%
南亚 49%

图6-5 2016年不同地区塑料垃圾产生量和收集量

资料来源：塑料废弃物产生的数据来自Kaza等，2018；未收集废弃物的百分比指的是每个地区包括塑料在内的所有类型的废弃物流。

环境安全的方式回收或处置塑料废弃物。直接回收或由非正式部门收集的塑料物品可能没有被归类为废弃物，因此可能被排除在官方统计之外。

塑料回收的程度取决于各国的基础设施、法律义务和对特定塑料物品的生产者责任延伸计划的承诺。

纵观全球对塑料包装废弃物进行的处理，大约21%被回收，21%被焚烧，59%被填埋（艾伦·麦克阿瑟基金会，2017b）。只要比较一下农药包装的回收数量和投放市场的包装数量（图6-6），就可以确认改善全球农用塑料收集基础设施和回收计划的必要性。

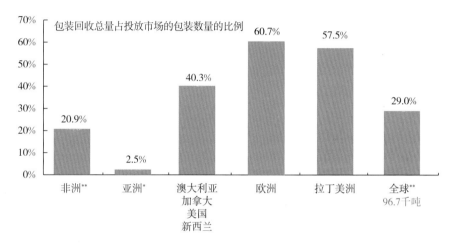

图6-6　2019年不同地区收集的农药包装

* 亚洲地区的收集数据有限
** 估计投放市场的数量（所有包装）
注意：
数据与实施植保基准收集计划的国家有关
由于存在其他收集过往，收集的材料总量可能会更高
资料来源：Andrew Ward，CropLife International，4-2021，个人通讯。

6.5　小结

一些立法措施、政策框架和计划可以促进良好的管理做法，以防止农用塑料释放到环境中，同时提高可持续性和循环性。这些包括：

- 国际公约、行为准则和指导方针；
- 国家和区域立法；
- 生产者责任延伸制度；
- 禁止使用特定塑料制品/塑料聚合物；

- 产品标准和认证；
- 最大限度减少障碍、推出激励措施、有效和及时的执法和处罚，以推动更可持续的行为；
- 农业实践和供应链保证计划。

每一种措施都有其自身的优点和相应的缺点，有些措施已被证明在管理农用塑料方面特别有效。此外，这些措施不需要孤立地运作，因为它们在范围和执行层面有很大的重叠。

本章还在塑料制品层面确定了一些可能有助于推动可持续发展的变化，包括：

- 使用替代制品或替代做法，减少对塑料的依赖；
- 标签和标记；
- 再利用；
- 使用特定的机械设备。

这项研究还确定了创新的例子，尽管大多数似乎是小规模的，旨在满足当地需要或利用当地资源。

最后，农用塑料在回收方面面临着具体的挑战。

污染（例如农药或土壤、植物残留物）、自使用地点的可回收性（可能离运输网络有一段距离）以及废弃物的低固有价值等问题，都在影响回收计划在财务方面的可行性。再加上世界上许多地方缺乏回收的基础设施，在广泛回收成为常态之前，这些问题都需要得到解决。适当构建的政策机制、立法框架和激励机制有助于支持这一过渡。

7 推动农用塑料循环经济

我们看到，农用塑料对粮食安全、食品安全和营养以及社会和经济层面的可持续性同时有着正面和负面的影响。农用塑料的环境问题既具有全球性，也具有跨界性。

本章以前文研究发现为基础，提出了一系列政策行动，旨在为改善全球农用塑料的可持续管理构建框架。在向可持续农业粮食体系转型的过程中，塑料问题只是所有变革的一个方面。作出任何改变时，都需要全面考虑其他维度的可持续性。不过，从前面几章可以看出，农用塑料在某些方面是不可持续的，由此带来的前所未有的损害亟需得到解决。

7.1 需要新的法律和政策措施

如第6章所示，当前旨在减少农用塑料负面影响的国际、区域和国家政策和法律工具仍有提升空间。现有的大部分措施涉及（包括包装在内的）一次性塑料产品、避免海洋垃圾和微塑料（尽管尚无公认定义），以及塑料垃圾的管理。Karasik等人（2020）认为，没有国际立法规定为减少塑料垃圾设定"全球性、有约束力、具体且可衡量的目标。"

除消费者包装外，与农用塑料直接有关的国际文书主要聚焦风险等级极高的农业部门。例如，《渔具标识自愿准则》（粮农组织，2019a）聚焦渔业部门使用的塑料；《国际农药管理行为准则》（粮农组织和世卫组织，2014）规范的是空农药容器的可持续管理。《国际农药管理行为准则》关注点不在于容器本身的危害，而在于容器内农药残留物所带来的风险。

其他具有高污染潜力的制品，如地膜和聚合物包膜肥料，也开始引起中国（农业农村部，2020）和欧盟（Eunomia，2020）政策制定者和监管机构的关注。

　　许多农用塑料制品只使用一次就被废弃，因此需要类似于一次性消费塑料制品的监管举措。联合国环境规划署在《解决一次性塑料产品污染》（联合国环境规划署，2021b）中主张采用生命周期方法以及一系列监管措施，这些措施也适用于农业粮食价值链上的塑料制品。

　　联合国环境大会在2022年再次召开，讨论海洋塑料和微塑料的问题（联合国环境规划署，2021a），可能由此启动政府间谈判进程以推动塑料污染条约的制定（国际可持续发展研究所，2021）。

7.1.1　国际监管的选项

　　虽然聚焦优先部门和塑料制品确有必要，但整个农业粮食价值链上所用的其他塑料制品的潜在污染也需要缓解。此外，还有可能进一步提升塑料制品的循环性，在这方面已有相关的政策和法律措施。

　　许多组织和成员国一直在倡导新的具有全球影响力的国际协议，从而支持各国、各地区加强对塑料的监管（环境调查机构、Gaia和国际环境法中心，2020；Notten和联合国环境规划署，2018；联合国环境规划署，2021b；世界自然基金会，2020；世界自然基金会、艾伦·麦克阿瑟基金会和波士顿咨询集团，2020）。2021年9月，在日内瓦举行了海洋垃圾和塑料污染部长级会议，此后100多个国家签署了一份部长级声明，支持在2022年2月的第五届联合国环境大会续会上提出动议——设立旨在推动形成新国际塑料协议的国际谈判委员会（各国政府，2021）。

　　正如第6章所述，国际监管工具既包括具有法律约束力的公约和协议，也包括所谓的"软法律"，即自律性行为准则和指导方针。表7-1对这些选择进行比较，并配以近期食品和农业部门国际实践的案例。

　　当前，迫切需要在全球范围内加强对整体农业粮食价值链上所用塑料的监管力度。

　　建议国际组织、国家和地区政府、私营部门和民间社会协调一致，共同建立必要的监管框架。

　　在国际层面上，可以同时推动以下举措：

　　（1）制定全面的自愿行为准则，覆盖农业粮食价值链上与塑料相关的所有方面。随后，针对污染最严重的活动，制定详细的最佳实践指南。

　　（2）扩大现有国际公约的范围以解决具体的塑料问题，可能比制定全新的塑料公约更容易实现。第一步，可以对现有公约进行调整。例如，扩大《巴塞尔公约》范围，以便更好解决塑料废弃物问题；扩大《防止船污公约》，增加渔业和水产养殖所用塑料管理的相关内容。

　　（3）最后可以制定全新的国际公约，包含适用于（农业粮食价值链上以及渔业和海洋活动中使用的）所有塑料的具体缔约国义务。如果各国已根据行为准则的通用建议制定了国内法律，那么新公约的通过会更加顺利。

这样一来，可以通过自愿行为准则迅速确立良好塑料管理的总体原则，各国可以将这些建议纳入国家或地方法律中。在此基础上，可以稳步推动为制定具有法律约束力的国际协议凝聚共识的缓慢进程。

在国家和地区层面，政府应通过立法解决在提升塑料管理方面的急难问题。本章后面的建议可以提供助力，没有必要等待国际监管法律文书。

捐助组织应支持国际政策和法律文书的制定以及在国家和地区层面的实施，特别要为中低收入国家提供帮助。

表7-1　国际政策选择的比较

	例子	优点	缺点
国际公约	• 巴塞尔公约 • 巴塞罗那公约 • 国际植物保护公约	• 国家间具有法律约束力的协议； • 为缔约方规定了具体的义务和责任。	• 需要各国就公约条款达成一致，这往往会缩小和弱化承诺成果； • 公约只对缔约方政府有约束力；且只在公约被批准的情况下生效。
国际行为准则和自愿准则	• 国际农药管理行为准则 • 负责任渔业行为守则 • 渔具标记自愿准则	• 自愿性措施不对国家施加有约束力的承诺，因而更容易快速建立； • 因此，其范围可以很广，可以包含更远大的目标； • 它们可以就立法对象和方式以及各利益攸关方的何种义务等纳入国家法律的问题，为各国提供具体指导； • 可以配套附属指导文件； • 可以覆盖广泛的利益相关者群体，而不仅仅是国家。	• 不直接强制执行——各国自行决定守则/准则所载建议的执行力度； • 不过，来自国际社会（和全球供应链）的压力会推动各国将自愿性文书中的建议纳入国家法律，《负责任渔业行为守则》执行方面的成绩就是很好的例子。

资料来源：粮农组织，2021。

7.2　国际自愿行为守则的要素

行为守则应该为农业粮食价值链上以及作物生产、畜牧业、渔业和林业活动中所有利益相关者提供关于可持续使用塑料制品的指导，应该就良好实践提供适用于各农业部门的一般性指导，应该确定各国在修订国内法律时应考虑的所有领域和措施。

行为准则应关注塑料制品的全生命周期，包括设计、监管审批、制造、分销、销售、使用和废弃管理等环节，还应在全面考虑可持续性利弊的基础上，推动农业粮食系统的可持续转型。表7-2是可以纳入行为准则的一些要素。

表7-2　新国际农用塑料行为准则的要素

要素	描述
决策中的全生命周期思维	考虑塑料"从摇篮到坟墓"全生命周期环境影响的整体方法应成为塑料制品决策的一部分，应该考虑塑料及其替代品在环境、经济和社会等层面的利弊；应该考虑生态设计、生物经济①、循环性、环境危害和提高6R等级的机会；应该影响关于禁用或限用塑料制品或其特定用途的决定；有助于产品标准以及良好实践指南的制定，从而将可持续性注入塑料制品的设计、制造、使用和废弃等环节中。
区域方法	在某些情况下，在超越国界的区域层面做出决策，可能会取得更好的效果。相关的例子包括联邦国家、经济共同体、国家管辖范围以外地区（如地区渔业管理机构），或多国合作利用规模经济建设地区塑料回收能力。
产品标准	塑料制品及其成分、性能和相关设备的最低规格以及使用标准，其中涉及如何最大限度地减少向环境的泄漏和如何提升塑料制品的循环性。行为准则可以成为推动新标准制定的机制，例如第7.5.3节中讨论的在不同介质和环境条件下的生物降解性标准。
流程标准	建议各国针对使用塑料的农业活动制定强制性和自愿性的工艺标准，从而最大限度减少向环境的泄漏，提高循环性。
禁用和限用	建议禁用或严格限用具有高环境损害风险的产品。
认证	产品认证和工艺认证，以验证是否符合产品标准和工艺标准。
产品标识和标签	在产品上贴上包含使用说明、处置方法和制造商信息的标签，对于帮助用户了解如何使用塑料制品和如何处理废弃制品至关重要，标签还可以包含可用于追踪的独特标识。
测量、监测和跟踪	通过供应链对塑料制品进行监测和跟踪，将使监管者和其他利益相关者能够对塑料施加有效的全生命周期管理；将支持对国家和区域目标的监测，为供应链上单个行为者提供执行机制。这一过程可能需要对产品进行标记，以实现可追溯性（如上所述），并便于供应链保留产品供应和废弃物回收的记录。
目标设定	设定目标可以推动循环性和可持续性的提升。例如，设定新产品中使用回收材料的最低标准；设定特定塑料制品的回收利用率。

① 为实现巴黎协定中规定的在2050年前实现碳中和的义务，有必要从非石油原料中提炼塑料前体。

（续）

要素	描述
产品的授权和注册	产品授权和注册将使监管者能够确保进入其辖内市场的产品符合标准，并能够控制产品的使用方式，包括实施禁令和施加限制。可以针对那些对人体健康和环境有潜在危害的塑料产品。
向用户发放许可	向用户发放许可将使监管者能够确保用户拥有必要的知识、技能和设备，以适当管理塑料制品（特别是高风险制品），包括对塑料废弃物的管理。
为供应链和废弃物管理等领域的组织发放许可	为塑料制品供应链和废弃物管理活动的参与者发放许可证，将使监管者能够确保相关方面有能力安全、负责任地履行职责。
生产者责任延伸	生产者责任延伸制度（EPR）可以最大限度地减少用户在废弃物管理方面的障碍。该制度确保所有外部性成本由生产方和销售方承担，这是确保"污染者付费"的机制，该制度使得用户能够比较所有塑料替代品的真正全价成本。第6.4.1节阐述了EPR的原则。
奖惩措施	激励和惩罚措施可以推动供应链上的利益相关者采用更多可持续产品和做法。
经济手段	税收和其他财政手段可用于推动更多的可持续产品和做法。例如，对填埋和焚烧塑料的行为征税可以提高回收利用的可行性，从而推动相应基础设施的发展。对化石资源和有害化学品征税则可以推动创新，并为优化废弃物管理提供资金。农业生产补贴计划也需要鼓励可持续行为，避免对环境造成损害。大不列颠及北爱尔兰联合王国的例子（2020）说明，交叉遵守机制有助于实现这一目标。
监管执法的可持续融资机制	各国政府应建立机制，为塑料有关法规的执行提供可持续和匹配的资金，相关资金可以来自对塑料供应链的征税。
监测各国行为准则执行情况的机制	虽然行为准则对各国没有约束力，但可以包含监督机制，以便监测准则在国家立法层面的落地方式和执行程度。
指导性文件和技术支持项目	行为准则可以支持制定与农用塑料制品的监管、设计、制造、选择、使用和废弃物管理有关的指导文件，还可以推动改进现有指导文件，以确保与农用塑料的使用和管理相关的问题得到解决。 技术支持项目可以帮助各国在国家法律框架内实施守则。

资料来源：粮农组织，2021。

7.2.1 利益相关者及其责任

自愿行为准则应确定所有关键的利益相关者，并规定其义务和责任。利益相关者及其应发挥的作用可以包含表7-3中所列内容。

表7-3 自愿行为准则中利益相关者所扮演的角色

利益相关者	扮演的角色
政府	政策制定和监管；为塑料的可持续和循环管理制定法律和公共参考标准；确保标准的执行，特别是要建立生产者责任延伸制度（EPR）； 采取经济手段、激励措施、惩罚措施和交叉遵守要求，以推动供应链上的可持续行为； 促进有利于实施政策优先事项的公私伙伴关系，推动共同监管和能力建设。
区域机构	通过区域监管、能力建设和私营部门参与，促进区域的协调和良好做法的采纳。
塑料生产商	使用可再生资源和回收的资源，开发新的更具可持续性的聚合物和生产方法。
塑料制品加工厂和制造商、进口商、分销商和零售商	设计、开发和销售符合规定标准的认证塑料制品，通过使用回收材料来满足循环性要求； 维护和报告相关信息，以监测塑料制品在供应链中的流动； 与供应链上的其他参与者一起资助和组织EPR计划，免费回收用户手中的塑料废弃物； 补偿与塑料制品相关的所有其他外部性成本。
塑料制品的用户	在没有替代品的情况下，对塑料制品进行可持续的选择、使用和废弃管理。
废弃物回收者（包括非正规部门）	监测和报告从用户手中回收并交付给回收商和处理场的废弃塑料。
塑料回收商	对适当的技术进行投资，以促进重复利用、机械回收和化学回收。
标准制定机构	为塑料、塑料制品及其生产、销售、使用和废弃物管理等环节制定标准。
私营部门农业价值链标准制定组织	为农业供应链上的良好做法制定标准，认证机构可根据标准对农业生产者和经销商进行评估，这种认证可以向零售商和消费者提供生产过程的可持续性保证。
认证机构	对塑料制品和做法是否符合标准进行认证。
贸易机构和组织	代表私营部门利益相关者群体； 推动能力建设，与生产商、分销商和用户进行联络； 在一些生产者责任延伸制度计划中，贸易机构负责协调成员方的贡献责任。
非政府组织	识别和介绍良好实践，促进国际监管文书制定，能力建设和协调。
学术界	开展有关塑料替代品和创新的学术研究，以减少农用塑料的使用及其影响。

资料来源：粮农组织，2021。

7.3 优先行动

实现可持续发展目标的最后期限是2030年，本书撰写之际，距此期限剩8年时间。《巴黎协定》的最后期限是2050年，也只有28年时间。因此，在推动制定总体国际政策和法律文书以及技术指南的同时，政府也应着手解决优先问题。本节列出了作者认为应该采取的一些行动，依据是以下的一个或多个标准：

(1) 行动已由现有国际公约规定或得到自愿准则的推荐；

(2) 行动聚焦本报告指出的对环境具有很大潜在危害的产品；

(3) 在该行动领域已存在更多循环（生物）经济方法；

(4) 行动可以迅速实施，对实现可持续发展目标和落实《巴黎协定》中的国家自主贡献方案产生立竿见影的效果。通过实施这些行动，政府可以减少温室气体排放。

7.3.1 渔具

渔具的可持续管理问题已经在《国际防止船舶造成污染公约》（国际海事组织，1983）、《负责任渔业行为守则》（粮农组织，1995）和《渔具标记自愿准则》（粮农组织，2019a）中得到了很好的解决。根据这些文书，建议国家政府和区域渔业机构：

- 在所有从事渔业和水产养殖的沿海和内陆地区建立接收设施，免费接收无用的渔具。理想情况下，应设立相关的奖励和提高认识的计划，鼓励渔民上交不需要的渔具和捕捞活动中产生的所有其他废弃物。
- 建立EPR计划，收集和回收无用的渔具，并鼓励可循环和环保的渔具设计。
- 在其管辖范围内强制要求对渔具进行标识，并报告丢失的渔具。
- 考虑禁用多利绳等不可生物降解的渔具部件，这些部件因设计原因在捕鱼作业过程中迅速磨损，向环境释放塑料碎片。
- 推动渔具改造，以减少幽灵捕鱼造成的风险。例如，在捕鱼网上设置逃生口；使用完全可生物降解的紧固件，以降低渔具丢失或遗弃造成的幽灵捕鱼风险。
- 要求在渔网和诱捕器上安装逃生口，渔网和诱捕器要用完全可降解的封闭装置固定，以尽量减少幽灵捕鱼的可能性。

7.3.2 极有可能造成塑料和微塑料污染的制品

应禁止极可能向环境泄漏塑料和微塑料的不可生物降解制品。这些产品包括：

- 聚合物包膜的肥料、种子和杀虫剂；
- 可氧化降解的塑料化合物；
- 护树架（罩）；
- 植物支撑绳、支撑网、支撑夹和绑带。

7.3.3　极有可能释放持久性有机污染物和其他危险化学品的制品

为避免在处置过程中释放多氯二苯并对二噁英/六噁英，所有由PVC制造的一次性制品或短期使用产品，如薄膜、灌溉带、捆扎绳和网，都应该被禁止。应用更安全的替代品来代替塑料制品中的危险化学品。

各国政府还应禁止露天焚烧塑料废弃物。

7.3.4　不可生物降解的地膜

不可生物降解地膜的不当选用、管理和回收，会导致大量塑料残留物留在田间。为提高地膜的耐用性和抗分解能力并提高其回收利用价值，建议政府将地膜最小厚度定为25微米。

各国政府应鼓励使用无塑料的替代性农业做法，或在证明不对人体健康和生态系统造成伤害的前提下，适时使用完全可生物降解地膜。

7.3.5　迅速建立生产者责任延伸制度

政府应鼓励为尽可能多的农业塑料制品建立生产者责任延伸制度。理想情况是，生产者责任延伸制度对产品制造商和供应链上的其他行为者具有强制性。

对于已经受国家立法约束的塑料制品，引入要求生产者责任延伸的法规修正案。例如，针对空农药容器问题，可以修改农药登记条例，要求登记人在登记农药产品时证明他们提供了农药容器免费退换计划。在一些国家，生产者责任延伸制度可能已在环境或废弃物等领域的立法中得到确立。

如果已存在针对特定农用塑料制品的生产者责任延伸制度，政府应该鼓励扩大制度范围，以适用其他农用塑料废弃物的回收。现有的空农药容器生产者责任延伸制度可以通过这种方式进行扩展，为农民提供全面的塑料废弃物回收服务。其他塑料制品的生产商和供应链上的参与者应参与并为该计划提供资金支持。

在没有现有法律框架支持生产者责任延伸制度强制实施的国家，政府可以表明制定类似框架的意愿，并鼓励在过渡时期建立自愿计划。

7.3.6　国家塑料管理计划

各国政府应制定国家塑料废弃物管理计划，以提高塑料制品的循环性。

为推动该进程，应首先审视国家管理农业和其他塑料废弃物的能力，审视过程应考虑国内塑料的数量和类型，以及现有废弃物管理基础设施承载力。该计划应确定对回收能力的需求，并明确建立回收能力的可选措施，以及临时管理塑料废弃物的策略。

7.4 制定指导文件

在编写本报告时，作者发现缺乏与农用塑料有关的独立良好做法指导。粮农组织的技术指导文件，特别是在作物生产、畜牧业和林业部门，经常提到塑料制品的好处，但没有详细说明它们的弊端和替代品。指导文件很少包含在塑料制品的选择、部署、使用和用后处理等方面的最佳做法。近期渔业领域的指导文件一般会提及塑料问题。建议粮农组织（和其他组织）审查其所有技术指导文件，以确保塑料制品的问题得到充分解释。可能有必要制定全新指导文件。

需要提供指导文件的领域包括：

- 田间灌溉；
- 园艺、水果和苗圃生产——温室、大拱棚、小拱棚、地膜覆盖、灌溉、水培以及支撑绳索、网和绑带；
- 饲料和草料生产——青贮薄膜、捆草网和捆扎绳；
- 生产后环节——用于储存、运输和分销环节的塑料制品（包括包装）；
- 塑料相关立法；
- 负责任的采购做法和环境保护措施；
- 塑料替代品（包括生物基塑料）的生产和使用。

7.5 差距和未来研究方向

7.5.1 农用塑料数据

本报告明确了农用塑料制品数据的重大缺口：数量、构成、投用的场景和方式，以及塑料在整个供应链（包括使用期间和废弃之后）的去向和对环境产生的影响。建议各国政府着手收集有关农用塑料使用情况及其最终去向的数据，这将有助于支持政策决策以及国家和区域战略的制定。Yates等人（2021）发表了一份关于粮食系统所用塑料对环境、食品安全与健康影响的科学文献回顾，为明确数据缺口和未来研究重点奠定基础。

7.5.2 生命周期评估

关于化石基和生物基农用塑料（包括可生物降解和不可生物降解）的生命周期评估，以及确定和比较其替代品和替代性做法在农业粮食价值链特定应用中的风险和效益的数据有限。这类评估也将为政策决策以及国家和区域战略的制定提供支撑。

7.5.3 关于塑料及其替代品影响的数据

在塑料及其替代品（包括可生物降解塑料）的移动路径以及其对人类和生态系统健康造成的影响等方面，也同样存在着巨大的数据缺口。塑料通过水生环境食物链进行转移和富集的可能路径已经探明，但人们对它们在陆地食物链和农业粮食系统中的转移路径却知之甚少。已经在人体器官中发现了微塑料和纳米塑料，但其确切影响尚不清楚。未来应进一步开展研究，对所有粮食系统中的塑料进行评估，以确定其途径机制及影响。此类研究可采纳国际原子能机构（2021b）正在运用的核方法，跟踪微塑料和污染物的移动路径，量化它们造成的影响。

7.5.4 可生物降解产品的标准和规格

报告指出，采用可生物降解产品的主要障碍之一是对其在特定环境和温湿度条件下的表现和生物降解率缺乏确切认识。

未来应制定可生物降解产品的标准和规格，明确其在堆肥和循环利用过程中原位生物降解和异位生物降解的性能和速度。这对以下方面尤其重要：
- 处于不同深度和温度的水生环境中的缆绳；
- 在不同气候区的土壤上铺设地膜，以满足不同作物和耕作周期的需要；
- 护树架等不直接与土壤接触的产品；
- 可生物降解塑料制品的技术规格应确保适用机械化生产。

7.5.5 棘手的塑料制品

在一些应用场景中，很难找到塑料制品的合适替代品，而这些塑料制品本身也很难回收。这些塑料制品包括浸渍农药的香蕉保护套（袋）和作物保温无纺布。香蕉保护套的问题在于种植场周边的回收能力有限，而保护套上残余的农药还带来潜在危害。无纺布往往会夹带大量土壤颗粒，增加回收工作的难度。建议相关产品的制造商研究开发更具可持续性的替代品和回收技术，以解决相关问题。

7.5.6 行为改变

所有建议的干预措施都是为了改变农用塑料和农业粮食价值链上所有参与者的行为，推行更具可持续性的农业做法。

需要进一步深化研究，以更好地了解用户需求，以及用户在接受更可持续和最佳做法过程中面临的困难。要支持行为改变的发生，还需要匹配教育、能力建设、沟通等方面的支持，以提高对相关问题和可持续做法的认识和理解。

7.6　小结

本章提出了一些政策机制，旨在提升全球农用塑料的管理水平，从而助力推动向农业粮食系统的可持续转型。

在国际层面，建议同时采取以下举措：

制定一项全面的自愿行为准则，涵盖农业粮食价值链各环节塑料制品的方方面面；

扩大现有国际公约的范围，如《巴塞尔公约》和《防止船污公约》，提升渔业和水产养殖所用塑料的管理水平。

在第五届联合国环境大会续会上讨论关于设立国际谈判委员会以推动制定关于所有塑料（包括农业粮食价值链上所用塑料）的新国际公约的提案。

如此，通过自愿行为准则迅速确立农业粮食系统中塑料良好管理的总体原则，并稳步推进修改和制定具有法律约束力的国际协议的进程。

建议新的国际自愿行为准则应涉及若干重要方面，特别是：

- 在决策中运用生命周期思维；
- 区域方法；
- 产品和工艺标准；
- 目标设定以及监测和报告机制；
- 供应链利益相关者和用户的许可机制；
- 农业补贴计划和其他鼓励可持续农业实践的财政机制；
- 生产者责任延伸制度。

部分关键利益相关者需要参与行为准则的制定，包括政府和地区机构、塑料生产商和用户、废弃物管理部门以及标准制定与认证机构。

我们迫切需要采取行动，既要减少农用塑料污染造成的直接环境影响，也要缓解化石基塑料温室气体排放造成的间接影响。在短期内，建议关注被确认对环境具有很大潜在危害的产品，包括：

- 可能导致幽灵捕捞或释放微塑料的高风险渔具；
- 极有可能造成塑料污染和微塑料污染的制品；
- 极有可能释放持久性有机污染物的制品；
- 不可生物降解的地膜。

此外，还应该迅速建立生产者责任延伸制度，并制定国家塑料管理计划。

需要进一步深化研究，以提高对不同供应链上农用塑料的数量、成分和使用情况的认识和理解，为适合特定用途的可生物降解产品制定标准和规格，以及为难处理的塑料制品开发新的回收技术。

8 结　论

过往70年，塑料的使用无处不在，已渗透到现代生活的方方面面。这种趋势也延伸到了农业领域，如今农业生产会使用各式各样的塑料制品来提高生产力和减少损失。由于很多塑料制品一年之内就会被废弃（成为累赘品），因此需要仔细考虑塑料制品的淘汰管理。

本研究估计，**每年约有1 250万吨塑料制品用于农业生产**，其中薄膜占40%～50%。蔬菜、水果、农作物和畜牧业是塑料制品的"使用大户"，每年总计达1 000万吨，其次是渔业和水产养殖业，最后是林业。这表明无论是使用期间还是使用寿命结束时，土壤都是农用塑料制品的主要受体。

与海洋塑料相比，有关陆地环境中塑料（包括农业塑料制品）数量的了解比较匮乏。此外，目前关于塑料对陆地生态系统造成的环境危害的科学研究远远落后于对塑料给水生环境造成的危害的研究。**这一研究差距亟需弥合，且鉴于90%以上农业活动以陆地为载体，弥合研究差距尤为重要**。由于微塑料有可能沿着食物链在不同营养级间进行转移并破坏细胞，因此人们越来越关注微塑料的形成和归宿。同样，**迫切需要进一步研究以更好地了解微塑料在生态系统和个人层面可能产生的影响**。

通过分析13种农用塑料制品确定了一些潜在主题，这些主题涵盖了一系列农用塑料制品，包括：

（1）通过采用更可持续的农业实践方法来避免使用塑料。例如，实施保护性农业，种植覆盖作物而非铺设地膜。

（2）选择更耐用的塑料替代品。例如，用玻璃或聚碳酸酯代替温室薄膜。

（3）选择可重复使用的产品代替短期内使用的一次性塑料制品。例如，用可堆叠的硬木箱（硬板条箱）代替柔性塑料袋。

（4）建立生产者责任延伸制度。

（5）在适当的情况下，用可生物降解的聚合物（具有生物降解特性且适

storage. https://doi.org/10.19103/AS.2020.0072.06.

Barrett J., Chase Z., Zhang J., *et al.,* 2020. Microplastic Pollution in Deep-Sea Sediments From the Great Australian Bight. *Frontiers in Marine Science*, 7. https://doi.org/10.3389/fmars.2020.576170.

Bartok J.W., 2015. Plastic Greenhouse Film Update. In: *Center for Agriculture, Food and the Environment* [online]. [Cited 27 January 2021]. https://ag.umass.edu/greenhouse-floriculture/fact-sheets/plastic-greenhouse-film-update.

Basel Convention, 2018. Draft practical manuals on Extended Producer Responsibility and on financing systems for environmentally sound management. p. 19. UNEP/CHW/OEWG.11/INF/7. Geneva, Switzerland, Basel Convention. (also available at https://www.informea.org/en/draft-practical-manuals-extended-producer-responsibility-and-financing-systems-environmentally-0).

Basel Convention Secretariat, 1989. *Basel Convention: Text and Annexes* [online]. [Cited 24 April 2021]. http://www.basel.int/Portals/4/download.aspx?d=UNEP-CHW-IMPL-CONVTEXT.English.pdf.

Basel Convention Secretariat, 2002. *Technical guidelines for the identification and environmentally sound management of plastic wastes and for their disposal.* p. 77. Geneva, Basel Convention. (also available at http://synergies.pops.int/Portals/4/download.aspx?d=UNEP-CHW-WAST-GUID-PlasticWastes.English.pdf).

Basel Convention Secretariat, 2020a. *Actions to address Plastic Waste.* UNEP [online]. [Cited 20 September 2021]. http://www.basel.int/Portals/4/download.aspx?d=UNEP-CHW-PUB-Factsheets-Actions-PlasticWaste-2020.English.pdf.

Basel Convention Secretariat, 2020b. Draft updated technical guidelines on the identification and environmentally sound management of plastic wastes and for their disposal. p. 94. UNEP/CHW/OEWG.12/INF/14. Geneva, Switzerland, Basel Convention. (also available at http://www.basel.int/TheConvention/OpenendedWorkingGroup(OEWG)/Meetings/OEWG12/Overview/tabid/8264/ctl/Download/mid/23551/Default.aspx?id=21&ObjID=23542).

Baxter G., Beckham R., Rustad M., *et al.,* 2019. *Plastic uses in agriculture.* p. 42. Think Beyond Plastic Foundation.

de Beaurepaire O., 2018. Biodegradable mulch films : an effective agricultural production tool which comprises a sustainable end of life. Paper presented at XXI CIPA Congress, 2018. [Cited 4 November 2020]. https://slidetodoc.com/mechanical-properties-of-biodegradable-mulch-films-from-standards/.

Beriot N., Peek J., Zornoza R., *et al.,* 2021. Low density-microplastics detected in sheep faeces and soil: A case study from the intensive vegetable farming in Southeast Spain. *Science of The Total Environment*, 755: 142653. https://doi.org/10.1016/j.scitotenv.2020.142653.

Beriot N., Zomer P., Zornoza R. & Geissen V., 2020. A laboratory comparison of the interactions between three plastic mulch types and 38 active substances found in pesticides. *PeerJ*, 8: e9876. https://doi.org/10.7717/peerj.9876.

Bhattacharya S., Das S. & Saha T., 2018. Application of plasticulture in horticulture: A review.

The Pharma Innovation Journal, 7(7): 584–585.

BioSTEP, 2021. Overview of political bioeconomy strategies. In: *BioSTEP* [online]. [Cited 7 October 2021]. http://www.bio-step.eu/background/bioeconomy-strategies/.

Bisaglia C., Tabacco E. & Borreani G., 2011. The use of plastic film instead of netting when tying round bales for wrapped baled silage. *Biosystems Engineering*, 108(1): 1–8. https://doi.org/10.1016/j.biosystemseng.2010.10.003.

Bombardier-Cauffopé C., 2021. Espace d'innovation sur les plastiques agricoles. Paper presented at, 5 March 2021, Laval, Quebec, Canada. https://youtu.be/suDGV3nLSYo.

Borreani G. & Tabacco E., 2014. Bio-based biodegradable film to replace the standard polyethylene cover for silage conservation. *Journal of dairy science*, 98: 386–394. https://doi.org/10.3168/jds.2014-8110.

Borrelle S.B., Ringma J., Law K.L., *et al.,* 2020. Predicted growth in plastic waste exceeds efforts to mitigate plastic pollution. *Science*, 369(6510): 1515–1518. https://doi.org/10.1126/science.aba3656.

Boucher J. & Billard G., 2019. The challenges of measuring plastic pollution. *Field Actions Science Reports. The journal of field actions*(Special Issue 19): 68–75.

Boucher J., Dubois C., Kounina A. & Puydarrieux P., 2019. *Review of plastic footprint methodologies: laying the foundation for the development of a standardised plastic footprint measurement tool*. Gland, Switzerland, IUCN,Global Marine and Polar Programme. https://doi.org/10.2305/IUCN.CH.2019.10.en.

Boucher J. & Friot D., 2017. *Primary microplastics in the oceans: A global evaluation of sources*. IUCN International Union for Conservation of Nature. https://doi.org/10.2305/IUCN.CH.2017.01.en.

Bowley J., Baker-Austin C., Porter A., *et al.,* 2021. Oceanic Hitchhikers – Assessing Pathogen Risks from Marine Microplastic. *Trends in Microbiology*, 29(2): 107–116. https://doi.org/10.1016/j.tim.2020.06.011.

Bowling M.B., Pendell D.L., Morris D.L., *et al.,* 2008. REVIEW: Identification and Traceability of Cattle in Selected Countries Outside of North America. *The Professional Animal Scientist*, 24(4): 287–294. https://doi.org/10.15232/S1080-7446(15)30858-5.

Brahney J., Mahowald N., Prank M., *et al.,* 2021. Constraining the atmospheric limb of the plastic cycle. *Proceedings of the National Academy of Sciences*, 118(16). https://doi.org/10.1073/pnas.2020719118.

British Plastics Federation, 2021. Chemical Recycling. In: *British Plastics Federation* [online]. [Cited 25 April 2021]. https://www.bpf.co.uk/plastipedia/chemical-recycling-101.aspx.

Campbell-Johnston K., Vermeulen W.J.V., Reike D. & Brullot S., 2020. The Circular Economy and Cascading: Towards a Framework. *Resources, Conservation & Recycling: X*, 7: 100038. https://doi.org/10.1016/j.rcrx.2020.100038.

Changrong Y., 2018. Agricultural plastic mulch film in China: importance and challenge. Paper presented at 21st CPA Conference, 2018, Bordeaux - France.

Chau C., Paulillo A., Lu N., *et al.*, 2021. The environmental performance of protecting seedlings with plastic tree shelters for afforestation in temperate oceanic regions: A UK case study. *Science of The Total Environment*, 791: 148239. https://doi.org/10.1016/j.scitotenv.2021.148239.

Chinese Academy of Agricultural Sciences & Ministry of Agriculture and Rural Affairs, 2020. *Management of Agricultural Plastics in China: the Plastic Mulch Film - a report for FAO.*

Chiquita Brands LLC, 2019. *Sustainability Report 2019*. p. 29. Chiquita Brands LLC. (also available at https://chiquitabrands.com/wp-content/uploads/2020/01/Sustainability-Report_2019_Chiquita-1.pdf).

CIDAPA, 2018. Situación de la Plasticultura en Iberoamérica. Paper presented at 21st CIPA Congress, May 2018, Arcachon, France. https://cipa-plasticulture.com/presentations-to-download-the-cipa-congress-2018#Plasticulture.

Circular Plastics Alliance - Agriculture Working Group, 2020. *European State of Play - Collection and Sorting of Agricultural Plastics.* p. 17. Brussels, European Commission. (also available at https://ec.europa.eu/docsroom/documents/43694/attachments/2/translations/en/renditions/native).

Clark D. & Grantham Research Institute, 2012. What is the 'polluter pays' principle? *The Guardian*, 2 July 2012. (also available at https://www.theguardian.com/environment/2012/jul/02/polluter-pays-climate-change).

Closed Loop Partners, 2019. *Accelerating circular supply chains for plastics: a landscape of transformational technologies that stop plastic waste, keep materials in play and grow markets.* p. 90. New York, Closed Loop Partners. (also available at https://www.closedlooppartners.com/wp-content/uploads/2021/01/CLP_Circular_Supply_Chains_for_Plastics_Updated.pdf).

College of Veterinary Medicine University of Florida, 2012. Horse Owner Alert: Dangers with round bale netting. In: *UF Health* [online]. [Cited 17 March 2021]. https://largeanimal.vethospitals.ufl.edu/2012/09/13/notice-to-horse-owners-dangers-with-round-bale-netting/.

Committee for Risk Assessment ECHA & Committee for Socio-economic Analysis ECHA, 2020. *Opinion on an Annex XV dossier proposing restrictions on intentionally-added microplastics.* pp. 3, 9 and 106. ECHA/RAC/RES-O-0000006790-71-01/F. Helsinki, European Chemicals Agency. (also available at https://echa.europa.eu/documents/10162/b4d383cd-24fc-82e9-cccf-6d9f66ee9089).

Corraini N.R., de Souza de Lima A., Bonetti J. & Rangel-Buitrago N., 2018. Troubles in the paradise: Litter and its scenic impact on the North Santa Catarina island beaches, Brazil. *Marine Pollution Bulletin*, 131: 572–579. https://doi.org/10.1016/j.marpolbul.2018.04.061.

Cox K.D., Covernton G.A., Davies H.L., *et al.*, 2019. Human Consumption of Microplastics. *Environmental Science & Technology*, 53(12): 7068–7074. https://doi.org/10.1021/acs.est.9b01517.

CropLife International, 2015. *Roadmap for establishing a container management program dor collection and disposal of empty pesticide containers.* p. 28. Brussels, Belgium, CropLife

International aisbl. (also available at https://croplife.org/wp-content/uploads/2015/11/Roadmap-for-establishing-a-container-management-program_final_Sept.pdf).

CropLife International, 2021a. Container Management. In: *CropLife International* [online]. [Cited 18 March 2021]. https://croplife.org/crop-protection/stewardship/container-management/.

CropLife International. 2021b. Global data about pesticide packaging. Paper presented at, April 2021. [Cited 3 May 2021].

Dahl M., Bergman S., Björk M., *et al.* 2021. A temporal record of microplastic pollution in Mediterranean seagrass soils. *Environmental Pollution*, 273: 116451. https://doi.org/10.1016/j.envpol.2021.116451.

Deconinck S., 2018. Accumulation of (bio)degradable plastics in soil. Paper presented at 2018. [Cited 20 September 2021]. https://cipa-plasticulture.com/wp-content/uploads/2018/06/Deconinck-Arcachon-May-2018.pdf.

Defra, 2021. *Standards for bio-based, biodegradable, and compostable plastics.* (also available at https://assets.publishing.service.gov.uk/government/uploads/system/uploads/attachment_data/file/976912/standards-biobased-biodegradable-compostable-plastics.pdf).

Degli Innocenti F. & Breton T., 2020. Intrinsic Biodegradability of Plastics and Ecological Risk in the Case of Leakage. *ACS Sustainable Chemistry & Engineering*, 8(25): 9239–9249. https://doi.org/10.1021/acssuschemeng.0c01230.

Dubey S., Jhelum V. & Patanjali P.K., 2011. Controlled release agrochemicals formulations: A review. *Journal of scientific and Industrial Research*, 70(2): 105–112.

Ellen MacArthur Foundation, 2017a. *Oxo-degradable plastic packaging is not a solution to plastic pollution, and does not fit in a circular economy.* [Cited 20 September 2021]. https://ecostandard.org/wp-content/uploads/oxo-statement.pdf.

Ellen MacArthur Foundation, 2017b. The new plastics economy: Rethinking the future of plastics & Catalysing action. Paper presented at World Economic Forum, 2017, Davos. (also available at http://www.ellenmacarthurfoundation.org/publications).

Ellen MacArthur Foundation, 2020. E*nabling a circular economy for chemicals with the mass balance approach: a white paper.* p. 35. (also available at https://www.ellenmacarthurfoundation.org/assets/downloads/Mass-Balance-White-Paper-2020.pdf).

Ellen MacArthur Foundation, 2021. Circular economy introduction - Overview. In: *Ellen MacArthur Foundation* [online]. [Cited 14 November 2021]. https://ellenmacarthurfoundation.org/topics/circular-economy-introduction/overview.

Ellen MacArthur Foundation & UNEP, 2020. *New Plastics Economy Global Commitment: 2020 Progress Report.* p. 76. Ellen MacArthur Foundation and UNEP. (also available at https://www.ellenmacarthurfoundation.org/assets/downloads/Global-Commitment-2020-Progress-Report.pdf).

Ellen MacArthur Foundation World Economic Forum & McKinsey & Company, 2016. *The New Plastics Economy - Rethinking the future of plastics.* p. 120. Ellen MacArthur Foundation. (also available at https://emf.thirdlight.com/link/faarmdpz93ds-5vmvdf/@/preview/1?o).

Encalada K., Aldás M.B., Proaño E. & Valle V., 2018. An overview of starch-based biopolymers and their biodegradability. *Ciencia e Ingeniería*, 39(3): 245–258.

Environmental Investigation Agency Gaia & Center for International Environmental Law, 2020. *Convention on plastic pollution: toward a new global agreement to address plastic pollution.* p. 16. (also available at https://eia-international.org/wp-content/uploads/EIA-report-Convention-on-Plastic-Pollution-single-pages-for-print.pdf).

Eunomia, 2020. Conventional and Biodegradable Plastics in Agriculture - Policy Options Workshop. Paper presented at Circular Plastics Alliance, 24 July 2020, Virtual.

Eunomia Research & Consulting Ltd, 2016. *Plastics in the Marine Environment.* p. 13. London, United Kingdom, Eunomia Research & Consulting ltd. (also available at https://www.eunomia.co.uk/reports-tools/plastics-in-the-marine-environment/).

European Bioplastics, 2019. *Fact Sheet: What are bioplastics? European Bioplastics.* [Cited 22 September 2021]. https://docs.european-bioplastics.org/publications/fs/EuBP_FS_What_are_bioplastics.pdf.

European Bioplastics, 2020. *Mechanical Recycling.* 2020.

European Bioplastics, 2021. *Re: FABO Plastic Report and Bioplastics in Agriculture.*

European Chemicals Agency, 2019. Annex XV Restriction Report: Proposal for a Restriction - intentionally released microplastics. pp. 73–74. Version 1.2. Helsinki, European Chemicals Agency. (also available at https://echa.europa.eu/documents/10162/05bd96e3-b969-0a7c-c6d0-441182893720).

European Chemicals Agency, 2021. Registry of restriction intentions until outcome - ECHA - microplastics. In: *European Chemicals Agency* [online]. [Cited 8 October 2021]. https://echa.europa.eu/registry-of-restriction-intentions/-/dislist/details/0b0236e18244cd73.

European Commission, 2019. *The European Green Deal: Communication.* p. 24. Brussels, Belgium, European Commission. (also available at https://ec.europa.eu/info/sites/default/files/european-green-deal-communication_en.pdf).

European Commission, 2021. *Commission guidelines on single-use plastic products in accordance with Directive (EU) 2019/904 of the European Parliament and of the Council of 5 June 2019 on the reduction of the impact of certain plastic products on the environment.* p. 55. C(2021) 3762 final. Brussels, European Commission. (also available at https://ec.europa.eu/environment/pdf/plastics/guidelines_single-use_plastics_products.pdf).

European Council, 2009. Council Regulation (EC) No 1224/2009 of 20 November 2009 establishing a Community control system for ensuring compliance with the rules of the common fisheries policy, amending Regulations (EC) No 847/96, (EC) No 2371/2002, (EC) No 811/2004, (EC) No 768/2005, (EC) No 2115/2005, (EC) No 2166/2005, (EC) No 388/2006, (EC) No 509/2007, (EC) No 676/2007, (EC) No 1098/2007, (EC) No 1300/2008, (EC) No 1342/2008 and repealing Regulations (EEC) No 2847/93, (EC) No 1627/94 and (EC) No 1966/2006. : 50.

European Environment Agency, 2020. *Biodegradable and compostable plastics challenges and opportunities.* p. 13. European Environment Agency. (also available at https://www.eea.europa.eu/downloads/3efc70dca95446918fd9f7b6df2224dc/1598452330/biodegradable-andcompostable-plastics-challenges.pdf).

European Parliament and the Council, 2008. *European Waste Framework Directive.* [Cited 16 April 2021]. https://eur-lex.europa.eu/legal-content/EN/TXT/PDF/?uri=CELEX:02008L0098-20180705&from=EN.

European Union, 2019a. Directive (EU) 2019/ of the European Parliament and of the Council of 5 June 2019 on the reduction of the impact of certain plastic products on the environment.

European Union, 2019b. Directive (EU) of the European Parliament and of the Council of 5 June 2019 on the reduction of the impact of certain plastic products on the environment. https://eur-lex.europa.eu/legal-content/EN/TXT/PDF/?uri=CELEX:32019L0904&from=EN.

European Union, 2019c. Regulation (EU) 2019/1009 of the European Parliament and of the Council of 5 June 2019 laying down rules on the making available on the market of EU fertilising products and amending Regulations (EC) No 1069/2009 and (EC) No 1107/2009 and repealing Regulation (EC) No 2003/2003. https://eur-lex.europa.eu/legal-content/EN/TXT/PDF/?uri=CELEX:32019R1009&from=EN.

European Union, 2019d. Regulation 2019/2035 as regards rules for establishments keeping terrestrial animals and hatcheries, and the traceability of certain kept terrestrial animals and hatching eggs. [Cited 28 September 2021]. https://eur-lex.europa.eu/legal-content/EN/TXT/PDF/?uri=CELEX:32019R2035&from=en.

European Union, 2019e. *Regulation (EU) 2019/1009 of the european parliament and of the council* of 5 June 2019 laying down rules on the making available on the market of EU fertilising products and amending Regulations (EC) No 1069/2009 and (EC) No 1107/2009 and repealing Regulation (EC) No 2003/2003.

European Union, 2020. *Relevance of biodegradable and compostable consumer plastic products and packaging in a circular economy.* Publications Office of the European Union. (also available at http://op.europa.eu/en/publication-detail/-/publication/3fde3279-77af-11ea-a07e-01aa75ed71a1).

FAO, 1995. *Code of Conduct for Responsible Fisheries.* Rome, Italy, FAO. 49 pp. (also available at http://www.fao.org/documents/card/en/c/e6cf549d-589a-5281-ac13-766603db9c03/).

FAO, 1999. Guidelines for the management of small quantities of unwanted and obsolete pesticides. p. 41. *FAO pesticide disposal series* 7. Rome, Italy, Food and Agriculture Organization of the United Nati. (also available at http://www.fao.org/fileadmin/user_upload/obsolete_pesticides/docs/small_qties.pdf).

FAO, 2015. Food Wastage Footprint & Climate Change. p. 4. (also available at http://www.fao.org/3/bb144e/bb144e.pdf).

FAO, 2018. *The State of World Fisheries and Aquaculture - Meeting the sustainable development goals.* FAO. http://www.fao.org/documents/card/en/c/I9540EN/.

FAO, 2019a. *Voluntary Guidelines on the Marking of Fishing Gear. Directives volontaires sur le marquage des engins de pêche. Directrices voluntarias sobre el marcado de las artes de pesca.* Rome, Italy, FAO. 88 pp. (also available at http://www.fao.org/documents/card/en/c/CA3546T/).

FAO, 2019b. *The State of Food and Agriculture 2019: Moving forward on food loss and waste* *reduction*. Rome, Italy, FAO. 182 pp. (also available at http://www.fao.org/3/ca6030en/ca6030en.pdf).

FAO, 2020a. *The State of the World's Forests 2020*. FAO and UNEP. 214 pp. https://doi.org/10.4060/ca8642en.

FAO, 2020b. *FAOSTAT Land use indicators* [online]. [Cited 30 April 2021]. http://www.fao.org/faostat/en/#data/EL/metadata.

FAO & WHO, 2008. *Guidelines on the management options for empty pesticide containers*. p. 46. International Code of Conduct on the Distribution and Use of Pesticides. Rome, Italy, Food and Agriculture Organization of the United Nations. (also available at http://www.fao.org/3/bt563e/bt563e.pdf).

FAO & WHO, 2014. *International Code of Conduct on Pesticide Management*. [Cited 19 March 2021]. http://www.fao.org/agriculture/crops/thematic-sitemap/theme/pests/code/en/.

FAO & WHO, 2021. Codex Alimentarius. In: *Codex Alimentarius* [online]. [Cited 6 April 2021]. http://www.fao.org/fao-who-codexalimentarius/about-codex/en/.

Farm4Trade, 2020. Livestock identification through ear tags and alternative methods. In: *Farm4Trade* [online]. [Cited 28 September 2021]. https://www.farm4trade.com/livestock-identification-through-ear-tags-and-alternative-methods/.

Fattah K.P. & Mortula M., 2020. Leaching of organic material in polymeric pipes distributing desalinated water. *International Journal of Hydrology Science and Technology*, 10(2): 210–219. https://doi.org/10.1504/IJHST.2020.106495.

Fertilizers Europe, 2020a. Micro plastics. In: *Fertilizers Europe* [online]. [Cited 21 October 2020]. https://www.fertilizerseurope.com/circular-economy/micro-plastics/.

Fertilizers Europe, 2020b. *Industry facts and figures 2020*. Fertilizers Europe. www.fertilizerseurope.com.

Forestry Commission, 2020. *Tree protection: The use of tree shelters and guards Guidance and sustainability best practice*. Forestry Commission. https://assets.publishing.service.gov.uk/government/uploads/system/uploads/attachment_data/file/896121/Tree_shelters_guide.pdf.

Fournier S.B., D'Errico J.N., Adler D.S., et al., 2020. Nanopolystyrene translocation and fetal deposition after acute lung exposure during late-stage pregnancy. *Particle and Fibre Toxicology*, 17(1): 55. https://doi.org/10.1186/s12989-020-00385-9.

Frezal C. & Garsous G., 2020. *New Digital Technologies to Tackle Trade in Illegal Pesticides*. p. 36. OECD Trade and Environment Working Papers 2020/02. Paris, OECD Publishing. https://doi.org/10.1787/9383b310-en.

Friesen B., 2014. Agricultural plastic generation in Canada. Paper presented at Agricultural Plastics Recycling Conference & Trade Show, July 2014, Marco Island, Florida.

Friesen B., 2017. Cleanfarms and Agricultural Waste. Paper presented at 21st CIPA Congress, April 2017, Arcachon, France. https://cipa-plasticulture.com/wp-content/uploads/2018/06/Agri-management-North-America_BFriesen_final.pptx.

FSC, 2015. *FSC-STD-01-001 FSC Principles and Criteria for Forest Stewardship Standard (STD)*

V(5-2). Forest Stewardship Council. [Cited 11 April 2021]. https://fsc.org/en/document-centre/documents/resource/392.

Gall S.C. & Thompson R.C., 2015. The impact of debris on marine life. *Marine Pollution Bulletin*, 92(1–2): 170–179. https://doi.org/10.1016/j.marpolbul.2014.12.041.

Gao H., Yan C., Liu Q., *et al.,* 2019. Effects of plastic mulching and plastic residue on agricultural production: A meta-analysis. *Science of The Total Environment*, 651: 484–492. https://doi.org/10.1016/j.scitotenv.2018.09.105.

Gastaldi E., 2018. Agronomic performances of biodegradable films as an alternative to polyethylene mulches in vineyards. Paper presented at 21st CIPA congress, May 2018, Arcachon, France. https://cipa-plasticulture.com/presentations-to-download-the-cipa-congress-2018#Biodegradable.

Geijer T., 2019. *Plastic packaging in the food sector: Six ways to tackle the plastic puzzle.* p. 21. Amsterdam, ING Economics Department. (also available at https://think.ing.com/uploads/reports/ING-The plastic puzzle-December2019(003).pdf).

General Administration of Market Supervision, Ministry of Agriculture and Rural Affairs, Ministry of Industry and Information Technology & Ministry of Ecology and Environment, 2020. *Agricultural Film Management Measures, order No. 4, 2020 (China).* http://www.gov.cn/zhengce/zhengceku/2020-08/02/content_5531956.htm.

GESAMP, 2015a. *Sources, fate and effects of microplastics in the marine environment: A global assessment.* p. 98. (also available at https://ec.europa.eu/environment/marine/good-environmental-status/descriptor-10/pdf/GESAMP_microplastics%20full%20study.pdf).

GESAMP, 2015b. *Sources, fate and effects of microplastics in the marine environment: a global assessment (part 1).* p. 96. GESAMP Reports and Studies 90. London, International Maritime Organization.

GESAMP, 2019. *Guidelines for the monitoring and assessment of plastic litter in the ocean.* p. 138. (also available at http://www.gesamp.org/publications/guidelines-for-the-monitoring-and-assessment-of-plastic-litter-in-the-ocean).

GESAMP Working Group 43, 2020. *Sea-Based Sources of Marine Litter – a Review of Current Knowledge and Assessment of Data Gaps (second Interim Report of Gesamp Working Group 43.* COFI COFI/2021/SBD.8. Rome, FAO. 120 pp. (also available at http://www.fao.org/3/cb0724en/cb0724en.pdf).

GESAMP, 2021. Sea-based sources of marine litter. (Gilardi, K., ed.) (IMO/FAO/UNESCO-IOC/UNIDO/WMO/IAEA/UN/UNEP/UNDP/ISA Joint Group of Experts on the Scientific Aspects of Marine Environmental Protection). Rep. Stud. GESAMP No. 108, 109 p. (also available at http://www.gesamp.org/site/assets/files/2213/rs108e.pdf).

Geyer R., Jambeck J.R. & Law K.L., 2017. Production, use, and fate of all plastics ever made. *Science Advances*, 3(7): e1700782. https://doi.org/10.1126/sciadv.1700782.

Ghatge S., Yang Y., Ahn J.H. & Hur H.G., 2020. Biodegradation of polyethylene: a brief review. *Applied Biological Chemistry*, 63(1): 27. https://doi.org/10.1186/s13765-020-00511-3.

Gilbert J., Ricci M., Giavini M. & Efremenko B., 2015. *Biodegradable Plastics. An Overview of the Compostability of Biodegradable Plastics and its Implications for the Collection and Treatment of Organic Wastes.* ISWA. https://www.iswa.org/knowledge-base/biodegradable-plastics-an-overview-of-the-compostability-of-biodegradable-plastics-and-its-implications-for-the-collection-and-treatment-of-organic-wastes/?v=cd32106bcb6d.

Gilman E., Musyl M., Suuronen P., *et al.,* 2021. Highest risk abandoned, lost and discarded fishing gear. *Scientific Reports*, 11(1): 7195. https://doi.org/10.1038/s41598-021-86123-3.

Gil-Ortiz R., Naranjo M.Á., Ruiz-Navarro A., *et al.* 2020. Enhanced Agronomic Efficiency Using a New Controlled-Released, Polymeric-Coated Nitrogen Fertilizer in Rice. *Plants*, 9(9): 1183. https://doi.org/10.3390/plants9091183.

Global Ghost Gear Initiative, 2021. *Best Practice Framework for the Management of Fishing Gear: June 2021 Update.* p. 108. Global Ghost Gear Initiative. (also available at https://static1.squarespace.com/static/5b987b8689c172e29293593f/t/61113cbd2dac7430372ba4e5/1628519632183/GGGI+Best+Practice+Framework+for+the+Management+of+Fishing+Gea-r+%28C-BPF%29+2021+Update+FINAL.pdf).

Global Reporting Initiative, 2021. *GRI - Sector Standard Project for Agriculture, Aquaculture, and Fishing* [online]. [Cited 12 October 2021]. https://static1.squarespace.com/static/5b987b8689c172e29293593f/t/6160715a8230495ecf5af265/1633710447232/GGGI+Best+Practice+Framework+for+the+Management+of+Fishing+Gear+%28C-BPF%29+2021+Update+-+FINAL.pdf.

GLOBALG.A.P., 2020a. GlobalG.A.P. Environmental Sustainability in Crop Production Focus Group. In: *GlobalG.A.P.* [online]. [Cited 26 November 2020]. https://www.globalgap.org/uk_en/who-we-are/governance/focus-groups/escp-fg/index.html.

GLOBALG.A.P,. 2020b. GLOBALG.A.P. annual report 2019 for Integrated Farm Assurance. In: *GlobalG.A.P. Solutions* [online]. [Cited 1 December 2020]. https://globalgapsolutions.org/annual-report/products-report/ifa/.

Government of Canada., 2021. Fishery management measures in Atlantic Canada and Quebec. In: *Government of Canada* [online]. Last Modified: 2021-04-27. [Cited 17 November 2021]. https://www.dfo-mpo.gc.ca/fisheries-peches/commercial-commerciale/atl-arc/narw-bnan/management-gestion-eng.html.

Government of the United Kingdom of Great Britain and Northern Ireland, 2020. Cross compliance. In: *GOV.UK* [online]. [Cited 29 April 2021]. https://www.gov.uk/government/collections/cross-compliance.

Government of the United Kingdom of Great Britain and Northern Ireland, 2021a. Environmental taxes, reliefs and schemes for businesses. In: *GOV.UK* [online]. [Cited 23 April 2021]. https://www.gov.uk/green-taxes-and-reliefs/landfill-tax.

Government of the United Kingdom of Great Britain and Northern Ireland, 2021b. Landfill Tax rates. In: *GOV.UK* [online]. [Cited 23 April 2021]. https://www.gov.uk/government/publications/rates-and-allowances-landfill-tax/landfill-tax-rates-from-1-april-2013.

Göweil Maschinenbau GmbH, 2021. Net replacement film: the future of round bales? In: *Göweil* [online]. [Cited 17 March 2021]. https://www.goeweil.com/en/film-binding/.

Grigore M., 2017. Methods of Recycling, Properties and Applications of Recycled Thermoplastic Polymers. *Recycling*, 2(4): 24. https://doi.org/10.3390/recycling2040024.

Gu F., Guo J., Zhang W., *et al.,* 2017. From waste plastics to industrial raw materials: A life cycle assessment of mechanical plastic recycling practice based on a real-world case study. *Science of The Total Environment*, 601–602: 1192–1207. https://doi.org/10.1016/j.scitotenv.2017.05.278.

Guerrini S., Razza F. & Impallari M., 2018. *How sustainable biodegradable and renewable mulch films are?* Paper presented at 21st CIPA Congress, 30 May 2018, Arcachon, France. https://cipa-plasticulture.com/presentations-to-download-the-cipa-congress-2018#Biodegradable.

Hahladakis J.N., Velis C.A., Weber R., *et al.,* 2018. An overview of chemical additives present in plastics: Migration, release, fate and environmental impact during their use, disposal and recycling. *Journal of Hazardous Materials*, 344: 179–199. https://doi.org/10.1016/j.jhazmat.2017.10.014.

Hamilton L., Feit S., Muffett C., *et al.* 2019. *Plastic and Climate: The Hidden Costs of a Plastic Planet.* p. 208. CIEL. (also available at https://www.ciel.org/plasticandclimate/).

Han J.W., Ruiz-Garcia L., Qian J.P. & Yang X.T., 2018. Food Packaging: A Comprehensive Review and Future Trends. *Comprehensive Reviews in Food Science and Food Safety*, 17(4): 860–877. https://doi.org/10.1111/1541-4337.12343.

Hann S., Fletcher E., Molteno S., *et al.* 2021. *Relevance of Conventional and Biodegradable Plastics in Agriculture.* p. 334. Brussels, European Commission. (also available at https://ec.europa.eu/environment/system/files/2021-09/Agricultural Plastics Final Report.pdf).

Harding S., 2016. *Marine Debris: Understanding, Preventing and Mitigating the Significant Adverse Impacts on Marine and Coastal Biodiversity.* (also available at https://www.deslibris.ca/ID/10066033).

Hogg D., Sherrington C., Papineschi J., *et al.,* 2020. *Study to support preparation of the Commission's guidance for extended producer responsibility scheme : recommendations for guidance.* Bristol, United Kingdom, Eunomia Research & Consulting. (also available at http://op.europa.eu/en/publication-detail/-/publication/08a892b7-9330-11ea-aac4-01aa75ed71a1/language-en).

Horrillo-Caraballo J.M., Reeve D.E., Simmonds D., *et al.* 2013. Application of a source-pathway-receptor-consequence (S-P-R-C) methodology to the Teign Estuary, UK. *Journal of Coastal Research*, 165: 1939–1944. https://doi.org/10.2112/SI65-328.1.

Horton A., Walton A., Spurgeon D., *et al.,* 2017. Microplastics in freshwater and terrestrial environments: Evaluating the current understanding to identify the knowledge gaps and future research priorities. *Science of The Total Environment*, 586. https://doi.org/10.1016/j.scitotenv.2017.01.190.

Huerta Lwanga E., Mendoza Vega J., Ku Quej V., *et al.* 2017. Field evidence for transfer of plastic debris along a terrestrial food chain. *Scientific Reports*, 7(1): 14071. https://doi. org/10.1038/s41598-017-14588-2.

IAEA, 2021a. *Nuclear technology for controlling plastic pollution.* p. 32. Vienna, International Atomic Energy Association. (also available at https://www.iaea.org/sites/default/files/21/05/ nuclear-technology-for-controlling-plastic-pollution.pdf).

IAEA, 2021b. NUTEC Plastics: Using Nuclear Technologies to Address Plastic Pollution. In: *IAEA* [online]. [Cited 19 October 2021]. https://www.iaea.org/newscenter/news/nutec-plastics-using-nuclear-technologies-to-address-plastic-pollution.

IHS Markit, 2020. *Controlled- and Slow-Release Fertilizers - Chemical Economics Handbook (CEH) | IHS Markit* [online]. [Cited 21 October 2020]. https://ihsmarkit.com/products/ controlled-and-slow-release-chemical-economics-handbook.html.

Ikeguchi T. & Tanaka M., 1999. Experimental studies on dioxins emission from open burning simulation of selected wastes. *Organohalogen Compounds*, 41: 507–510.

IMO, 1983. *International Convention for the Prevention of Pollution from Ships (MARPOL)*. [Cited 6 April 2021]. https://www.imo.org/en/About/Conventions/Pages/International-Convention-for-the-Prevention-of-Pollution-from-Ships-(MARPOL).aspx.

InpEV, 2019. *Relatório de Sustentabilidade 2019. inpEV - (Instituto Nacional de Processamento de Embalagens Vazias.* https://www.inpev.org.br/Sistemas/Saiba-Mais/Relatorio/inpEV-RS2019.pdf.

Inštitut za hmeljarstvo in pivovarstvo Slovenije, 2021. Project LIFE BioTHOP. In: *BioTHOP* [online]. [Cited 18 March 2021]. https://www.life-biothop.eu/.

International Institute of Sustainable Development, 2021. Virgin Plastic Production Must be Addressed in Pollution Treaty: Expert Brief. In: *International Institute of Sustainable Development - SDG Knowledge Hub* [online]. [Cited 13 January 2021]. http://sdg.iisd.org/ news/virgin-plastic-production-must-be-addressed-in-pollution-treaty-expert-brief/?utm_ medium=email&utm_campaign=SDG%20Update%20-%2012%20January%202021&utm_ content=SDG%20Update%20-%2012%20January%202021+CID_bb9eb2de12a6a71c69b46ad0 efbe32e7&utm_source=cm&utm_term=Read.

IPCC, 2018. Annex I: Glossary. *Global Warming of 1.5°C. An IPCC Special Report on the impacts of global warming of 1.5°C above pre-industrial levels and related global greenhouse gas emission pathways, in the context of strengthening the global response to the threat of climate change, sustainable development, and efforts to eradicate poverty*, 2018. (also available at https://www.ipcc.ch/sr15/chapter/glossary/).

ISWA, 2015. *The Tragic Case of Dumpsites*. p. 38. Vienna, Austria, ISWA. (also available at https://www.iswa.org/fileadmin/galleries/Task_Forces/THE_TRAGIC_CASE_OF_ DUMPSITES.pdf).

Jambeck J.R., Geyer R., Wilcox C., *et al.* 2015. Plastic waste inputs from land into the ocean. *Science*, 347(6223): 768–771. https://doi.org/10.1126/science.1260352.

James B., Trovati G., Peñalva C., *et al.*, 2021. EIP-AGRI Focus Group: Reducing the plastic footprint of agriculture: Minipaper D: Agricultural management, on site practice to reduce plastic use and the contamination in the environment. , p. 23. EIP-AGRI. (also available at https://www.researchgate.net/publication/349225415_EIP-AGRI_Focus_Group_Reducing_the_plastic_footprint_of_agriculture_FINAL_REPORT_FEBRUARY_2021).

Jâms I.B., Windsor F.M., Poudevigne-Durance T., *et al.*, 2020. Estimating the size distribution of plastics ingested by animals. *Nature Communications*, 11(1): 1594. https://doi.org/10.1038/s41467-020-15406-6.

Jansen L., Henskens M. & Hiemstra F., 2019. *Report on use of plastics in agriculture.* p. 19. WH Wageningen. (also available at https://saiplatform.org/wp-content/uploads/2019/06/190528-report_use-of-plastics-in-agriculture.pdf).

Jian J., Xiangbin Z. & Xianbo H., 2020. An overview on synthesis, properties and applications of poly(butylene-adipate-co-terephthalate)–PBAT. *Advanced Industrial and Engineering Polymer Research*, 3(1): 19–26. https://doi.org/10.1016/j.aiepr.2020.01.001.

Jones E., 2014. Overview of Agricultural Plastic Generation and Management in the US. Paper presented at Agricultural Plastics Recycling Conference & Trade Show, July 2014.

Juergen Bertling Hamann L. & Bertling R., 2018. *Kunststoffe in der Umwelt.* https://doi.org/10.24406/UMSICHT-N-497117.

Kader M.A., Singha A., Begum M.A., *et al.*, 2019. Mulching as water-saving technique in dryland agriculture: review article. *Bulletin of the National Research Centre*, 43(1): 147. https://doi.org/10.1186/s42269-019-0186-7.

Kaiser K., Schmid M. & Schlummer M., 2017. Recycling of Polymer-Based Multilayer Packaging: A Review. *Recycling*, 3(1): 1. https://doi.org/10.3390/recycling3010001.

Karasik R., Vegh T., Diana Z., *et al.* 2020. 20 *Years of Government Responses to the Global Plastic Pollution Problem: The Plastics Policy Inventory.* p. 311. NI X 20-05. Durham, NC, Duke University. (also available at https://nicholasinstitute.duke.edu/sites/default/files/publications/20-Years-of-Government-Responses-to-the-Global-Plastic-Pollution-Problem-New_1.pdf).

Kaushik Kumar J. Paulo Davim., 2020. *Modern Manufacturing Processes.* Elsevier. https://doi.org/10.1016/C2019-0-00314-7.

Kaza S., Yao L.C., Bhada-Tata P. & Van Woerden F., 2018. *What a Waste 2.0: A Global Snapshot of Solid Waste Management to 2050.* Washington, DC:, World Bank. https://openknowledge.worldbank.org/handle/10986/30317.

Kim S., Kim P., Lim J., *et al.*, 2016. Use of biodegradable driftnets to prevent ghost fishing: physical properties and fishing performance for yellow croaker. *Animal Conservation*, 19(4): 309–319. https://doi.org/10.1111/acv.12256.

Kjeldsen A., Price M., Lilley C., *et al.*, 2019. *A review of standards for biodegradable plastics.* p. 33. (also available at https://assets.publishing.service.gov.uk/government/uploads/system/uploads/attachment_data/file/817684/review-standards-for-biodegradable-plastics-IBioIC.pdf).

Koelmans A.A., Mohamed Nor N.H., Hermsen E., *et al.*, 2019. Microplastics in freshwaters and drinking water: Critical review and assessment of data quality. *Water Research*, 155: 410–422. https://doi.org/10.1016/j.watres.2019.02.054.

Kolenda K., Pawlik M., Kuśmierek N., *et al.*, 2021. Online media reveals a global problem of discarded containers as deadly traps for animals. *Scientific Reports*, 11(1): 267. https://doi. org/10.1038/s41598-020-79549-8.

Kriebel D., Tickner J., Epstein P., Lemons J., Levins R., Loechler E., Quinn M. *et al.* 2001. The Precautionary Principle in Environmental Science. *Environmental Health Perspectives*, 109(9): 6. https://ehp.niehs.nih.gov/doi/10.1289/ehp.01109871.

Kunststoffverpackungen, 2021. ERDE Recycling collects over 50% of agricultural films. In: *Newsroom.Kunststoffverpackungen* [online]. [Cited 7 October 2021]. https://newsroom. kunststoffverpackungen.de/en/2021/07/13/erde-recycling-fulfils-voluntary-commitment-and-collects-over-50-of-agricultural-films/.

Landrigan P.J., Stegeman J.J., Fleming L.E., *et al.* 2020. Human Health and Ocean Pollution. *Annals of Global Health*, 86(1): 151. https://doi.org/10.5334/aogh.2831.

Lau W.W.Y., Shiran Y., Bailey R.M., *et al.* 2020. Evaluating scenarios toward zero plastic pollution. *Science*, 369(6510): 1455–1461. https://doi.org/10.1126/science.aba9475.

Le Moine B., 2018. Worldwide Plasticulture - a focus on films. Paper presented at 21st CIPA Congress, May 2018, Arcachon, France. [Cited 23 March 2021]. https://cipa-plasticulture.com/ wp-content/uploads/2018/06/Worlwide-Plasticulture_Le-Moine_CIPA.pptx.

Le Moine B., Erälinna L., Trovati G., *et al.* 2021. EIP-AGRI Focus Group: Reducing the plastic footprint of agriculture: Minipaper B: The agri-plastic end-of-life management. p. 11. EIP-AGRI. (also available at https://ec.europa.eu/eip/agriculture/sites/default/files/eip-agri_fg_ plastic_footprint_minipaper_b_final.pdf).

Leggett C.G., Scherer N., Haab T.C., *et al.*, 2018. Assessing the Economic Benefits of Reductions in Marine Debris at Southern California Beaches: A Random Utility Travel Cost Model. *Marine Resource Economics*, 33(2): 133–153. https://doi.org/10.1086/697152.

Li W.C., Tse H.F. & Fok L., 2016. Plastic waste in the marine environment: A review of sources, occurrence and effects. *Science of The Total Environment*, 566–567: 333–349. https://doi. org/10.1016/j.scitotenv.2016.05.084.

Liu E.K., He W.Q. & Yan C.R., 2014. `White revolution' to `white pollution'—agricultural plastic film mulch in China. *Environmental Research Letters*, 9(9): 091001. https://doi. org/10.1088/1748-9326/9/9/091001.

Lively J.A. & Good T.P., 2019. Chapter 10 - Ghost Fishing. *In* C. Sheppard, ed. *World Seas: an Environmental Evaluation (Second Edition)*, pp. 183–196. Academic Press. https://doi. org/10.1016/B978-0-12-805052-1.00010-3.

López Marín Josefa, 2018. Photoselective shade nets for pepper cultivation in Southeastern Spain. IMILA.

López-Martínez S., Morales-Caselles C., Kadar J. & Rivas M.L., 2021. Overview of global status of plastic presence in marine vertebrates. *Global Change Biology*, 27(4): 728–737. https:// doi.org/10.1111/gcb.15416.

Macfadyen G., Huntington T. & Cappell R., 2009. Abandoned, lost or otherwise discarded fishing gear. *FAO fisheries and aquaculture technical paper* No. 523. FAO. http://www.fao.org/3/i0620e/i0620e00.htm#:~:text=The%20factors%20which%20cause%20fishing,and%20cost%20and%20availability%20of.

Machovsky-Capuska G.E., Amiot C., Denuncio P., *et al.,* 2019. A nutritional perspective on plastic ingestion in wildlife. *Science of The Total Environment*, 656: 789–796. https://doi.org/10.1016/j.scitotenv.2018.11.418.

Malinconico M., 2018. Different applications of biodegradable and compostable materials in agriculture. Paper presented at 21st CIPA congress, May 2018, Arcachon, France. https://cipa-plasticulture.com/wp-content/uploads/2018/06/Other-Applications-of-biodegradable-polymers-Malinconico-CIPA-2018.pptx.

Maraveas C., 2019. Environmental sustainability of greenhouse covering materials. *Sustainability*, 11(21): 6129. https://doi.org/10.3390/su11216129.

Matériaux Renouvelables Québec, 2021. *Espace d'innovation: Valorisation des plastiques agricoles* [MP4]. Quebec city. https://www.dropbox.com/s/roptw1p8krrxttg/Quebec%20TABLE%20OF%20CONTENTS.docx?dl=0.

McHardy C.L., 2019. *Linking marine plastic debris quantities to entanglement rates: Development of a life cycle impact assessment 'effect factor' based on species sensitivity.* (also available at https://ntnuopen.ntnu.no/ntnu-xmlui/handle/11250/2624635).

Ministry of Agriculture and Rural Affairs, 2017. *Notice of the Ministry of Agriculture on Issuing the 'Agricultural Film Recycling Action Plan'* [online]. [Cited 27 April 2021]. http://www.moa.gov.cn/nybgb/2017/dlq/201712/t20171231_6133712.htm.

Ministry of Agriculture and Rural Affairs China, 2020. *Agricultural Film Management Measures* [online]. [Cited 8 April 2021]. http://www.gov.cn/zhengce/zhengceku/2020-08/02/content_5551956.htm.

Monier V., Hestin M., Cavé J., *et al.,* 2014. *Development of Guidance on Extended Producer Responsibility (EPR).* p. 227. Brussels, Belgium, European Commission – DG Environment. (also available at https://ec.europa.eu/environment/archives/waste/eu_guidance/pdf/Guidance%20on%20EPR%20-%20Final%20Report.pdf).

Multibiosoil, 2019. *Multibiosolo Layman's Report.* Multiboisol. https://multibiosol.eu/en/news/multibiosol-news/laymans-report-multibiosol-in-spanish-and-english-257.html.

Nikolaou G., Neocleous D., Christou A., *et al.,* 2020. Implementing Sustainable Irrigation in Water-Scarce Regions under the Impact of Climate Change. *Agronomy*, 10(8): 1120. https://doi.org/10.3390/agronomy10081120.

Nizzetto L., Futter M. & Langaas S., 2016. Are Agricultural Soils Dumps for Microplastics of Urban Origin? *Environmental Science & Technology*, 50(20): 10777–10779. https://doi.org/10.1021/acs.est.6b04140.

Notten P. & UNEP, 2018. *Addressing marine plastics: A systemic approach*. UNEP. (also available at https://www.unep.org/resources/report/addressing-marine-plastics-systemic-approach-stocktaking-report).

OECD, 2001. *Extended Producer Responsibility: A Guidance Manual for Governments*. OECD. 292 pp. https://doi.org/10.1787/9789264189867-en.

OECD, 2016. *Extended Producer Responsibility: Updated Guidance for Efficient Waste Management*. OECD. 292 pp. https://doi.org/10.1787/9789264256385-en.

O'Farrell K., 2020. *2018–19 Australian Plastics Recycling Survey. Department of Agriculture, Water and the Environment*. https://www.environment.gov.au/system/files/resources/42de28ac-5a8e-4653-b9bd-7cc396c38fba/files/australian-plastics-recycling-survey-report-2018-19.pdf.

Okunola A A., Kehinde I O., Oluwaseun A. & Olufiropo E A., 2019. Public and Environmental Health Effects of Plastic Wastes Disposal: A Review. *Journal of Toxicology and Risk Assessment*, 5(2). https://doi.org/10.23937/2572-4061.1510021.

Oliveri Conti G., Ferrante M., Banni M., *et al.*, 2020. Micro- and nano-plastics in edible fruit and vegetables. The first diet risks assessment for the general population. *Environmental Research*, 187: 109677. https://doi.org/10.1016/j.envres.2020.109677.

Orzolek M.D., ed. 2017. *A guide to the manufacture, performance, and potential of plastics in agriculture*. Plastics design library. Oxford, United Kingdom, Elsevier/William Andrew Applied Science Publishers. 207 pp.

PlasticsEurope e.V., 2019. *Plastics – the Facts 2019*. PlasticsEurope Deutschland e. V. https://www.plasticseurope.org/application/files/9715/7129/9584/FINAL_web_version_Plastics_the_facts2019_14102019.pdf.

PlasticsEurope e.V., 2020. *Plastics in agricultural applications*. In: *www.plasticseurope.org* [online]. https://www.plasticseurope.org/en/about-plastics/agriculture.

Prata J.C., 2018. Airborne microplastics: Consequences to human health? *Environmental Pollution*, 234: 115–126. https://doi.org/10.1016/j.envpol.2017.11.043.

Pretorius A., 2020. Plastics in Agriculture - South Africa. Plastix 911.

ProMusa, 2020. Bagging. In: *ProMusa is a project to improve the understanding of banana and to inform discussions on this atypical crop.* [online]. [Cited 22 October 2020]. http://www.promusa.org/Bagging.

Puskic P.S., Lavers J.L. & Bond A.L., 2020. A critical review of harm associated with plastic ingestion on vertebrates. *Science of The Total Environment*, 743: 140666. https://doi.org/10.1016/j.scitotenv.2020.140666.

Ragusa A., Svelato A., Santacroce C., *et al.*, 2021. Plasticenta: First evidence of microplastics in human placenta. *Environment International*, 146: 106274. https://doi.org/10.1016/j.envint.2020.106274.

Rayns F., Carranca C., Miličić V., *et al.* 2021. EIP-AGRI Focus Group: Reducing the plastic footprint of agriculture: Minipaper C New plastics in agriculture. p. 16. Brussels, Belgium, EIP-AGRI.

Regional Activity Centre for Sustainable Consumption and Production, 2020. *Plastic's toxic additives and the circular economy. Regional Activity Centre for Sustainable Consumption and Production.* (also available at http://www.cprac.org/en/news-archive/general/toxic-additives-in-plastics-hidden-hazards-linked-to-common-plastic-products).

Resource futures, 2021. *Digital Deposit Return Scheme: High-level economic impact assessment.* p. 52. 5122. UK, Bryson Recycling. (also available at https://www.brysonrecycling.org/downloads/DDRS_Impact_Assessment.pdf).

Reuters, 2019. *China drafts new rules to prevent use of polluting plastics in agriculture* [online]. https://www.scmp.com/news/china/society/article/3040899/china-drafts-new-rules-prevent-use-polluting-plastics.

Richardson K., Hardesty B. & Wilcox C., 2019. Estimates of fishing gear loss rates at a global scale: A literature review and meta-analysis. *Fish and Fisheries*, 20(6): 1218–1231. https://doi.org/10.1111/faf.12407.

Richardson K., Wilcox C., Vince J. & Hardesty B.D., 2021. Challenges and misperceptions around global fishing gear loss estimates. *Marine Policy*, 129: 104522. https://doi.org/10.1016/j.marpol.2021.104522.

Rillig M.C., de Souza Machado A.A., Lehmann A. & Klümper U., 2019. Evolutionary implications of microplastics for soil biota. *Environmental Chemistry*, 16(1): 3. https://doi.org/10.1071/EN18118.

Rillig M.C., Ziersch L. & Hempel S., 2017. Microplastic transport in soil by earthworms. *Scientific Reports*, 7(1): 1362. https://doi.org/10.1038/s41598-017-01594-7.

Rim-Rukeh A., 2014. An Assessment of the Contribution of Municipal Solid Waste Dump Sites Fire to Atmospheric Pollution. *Open Journal of Air Pollution*, 03(03): 53–60. https://doi.org/10.4236/ojap.2014.33006.

Roager L. & Sonnenschein E.C., 2019. Bacterial Candidates for Colonization and Degradation of Marine Plastic Debris. *Environmental Science & Technology*, 53(20): 11636–11643. https://doi.org/10.1021/acs.est.9b02212.

Rodale Institute, 2014. *Beyond Black Plastic.* p. 23. Kutztown, PA, USA, Rodale Institute. (also available at https://rodaleinstitute.org/education/resources/beyond-black-plastic/).

Ryberg M., Hauschild Michael & Laurent A., 2018. *Mapping of global plastics value chain and plastics losses to the environment (with a particular focus on marine environment).* p. 100. Nairobi, Kenya, UN Environment. (also available at https://www.unep.org/pt-br/node/27212).

Sanchez N., 2020. Los plásticos de la agricultura inundan Almería. In: *El Pais* [online]. [Cited 9 November 2020]. https://elpais.com/america/sociedad/2020-11-06/los-plasticos-de-la-agricultura-inundan-almeria.html.

Sangpradit K., 2014. Study of the Solar Transmissivity of Plastic Cladding Materials and Influence of Dust and Dirt on Greenhouse Cultivations. *Energy Procedia*, 56: 566–573. https://doi.org/10.1016/j.egypro.2014.07.194.

Sarkar D.J., Barman M., Bera T., et al., 2019. *Agriculture: Polymers in Crop Production Mulch and Fertilizer.* Routledge Handbooks Online. https://www.researchgate.net/profile/Mriganka-De/publication/330970001_Agriculture_Polymers_in_Crop_Production_Mulch_and_Fertilizer/links/5c5dc70f299bf1d14cb4bd2f/Agriculture-Polymers-in-Crop-Production-Mulch-and-Fertilizer.pdf.

Scarascia G., Sica C. & Russo G., 2011. Plastic materials in European agriculture: Actual use and perspectives. *Journal of Agricultural Engineering*, 42. https://doi.org/10.4081/jae.2011.3.15.

Schwabl P., Köppel S., Königshofer P., *et al.***,** 2019. Detection of Various Microplastics in Human Stool: A Prospective Case Series. *Annals of Internal Medicine*, 171(7): 453–457. https://doi.org/10.7326/M19-0618.

Sharma R.R., Reddy S.V.R. & Jhalegar M.J., 2014. Pre-harvest fruit bagging: a useful approach for plant protection and improved post-harvest fruit quality – a review. *The Journal of Horticultural Science and Biotechnology*, 89(2): 101–113. https://doi.org/10.1080/14620316.2014.11513055.

Shen M., Huang W., Chen M., *et al.***,** 2020. (Micro)plastic crisis: Un-ignorable contribution to global greenhouse gas emissions and climate change. *Journal of Cleaner Production*, 254: 120138. https://doi.org/10.1016/j.jclepro.2020.120138.

Sherrington C., Darrah C., *et al.***,** 2016. *Study to support the development of measures to combat a range of marine litter sources.* EUNOMIA. https://mcc.jrc.ec.europa.eu/main/dev.py?N=simple&O=401&titre_page=IMP%2520-%2520Combat%2520marine%2520litter%2520source.

Sintim H.Y. & Flury M., 2017. Is Biodegradable Plastic Mulch the Solution to Agriculture's Plastic Problem? *Environmental Science & Technology*, 51(3): 1068–1069. https://doi.org/10.1021/acs.est.6b06042.

Small Farm Works, 2021. Small Farm Works - Paper Chain Pots, Transplanters & Systems. In: *Small Farm Works - Paper Chain Pots, Transplanters & Systems* [online]. [Cited 25 April 2021]. https://www.smallfarmworks.com.

de Souza Machado A.A., Kloas W., Zarfl C., *et al.***,** 2018. Microplastics as an emerging threat to terrestrial ecosystems. *Global Change Biology*, 24(4): 1405–1416. https://doi.org/10.1111/gcb.14020.

de Souza Machado A.A., Lau C.W., Kloas W., *et al.* 2019. Microplastics Can Change Soil Properties and Affect Plant Performance. *Environmental Science & Technology*, 53(10): 6044–6052. https://doi.org/10.1021/acs.est.9b01339.

Stockholm Convention Secretariat, 2001. *Stockholm Convention on Persistent Organic Pollutants (POPSs): text and annexes.* [Cited 24 April 2021]. http://chm.pops.int/Portals/0/download.aspx?d=UNEP-POPS-COP-CONVTEXT-2021.English.pdf.

Stockholm Convention Secretariat, 2021. Big Year for chemicals & waste continues as UN experts take steps to recommend eliminating UV-328 (a toxic plastic additive). In: *BRSMeas* [online]. [Cited 13 April 2021]. http://chm.pops.int/Implementation/PublicAwareness/PressReleases/POPRC16PressReleaseUV328elimination/tabid/8747/Default.aspx.

Strietman W.J., 2020. Fisheries and dolly rope. In: *DollyRopeFree* [online]. [Cited 22 April 2021]. http://www.dollyropefree.com/about_dolly_rope/fisheries_and_dolly_rope.

Strietman W.J., 2021. *Fishing nets on the coastline of the Arctic and North-East Atlantic: a source analysis : findings and recommendations based on an in-depth analysis of the sources, origin, and pathways of fishing nets collected on beaches in Greenland, Iceland, Jan Mayen, Svalbard, the Netherlands, Norway, and Scotland.* p. 40. 2021–022. Wageningen, Wageningen

Economic Research. https://doi.org/10.18174/541335.

Su L., Li J., Xue H. & Wang X., 2017. Super absorbent polymer seed coatings promote seed germination and seedling growth of Caragana korshinskii in drought. *Journal of Zhejiang University-SCIENCE B*, 18(8): 696–706. https://doi.org/10.1631/jzus.B1600350.

Sundt P., 2020. Clean Nordic Oceans. In: *Clean Nordic Oceans* [online]. [Cited 30 October 2020]. http://cnogear.org/news/english/article-series-status-norway.

Sundt P., Syversen P.E. & Frode Syversen, 2014. S*ources of microplastic pollution to the marine environment*. MEPEX. https://d3n8a8pro7vhmx.cloudfront.net/boomerangalliance/pages/507/attachments/original/1481155578/Norway_Sources_of_Microplastic_Pollution.pdf?1481155578.

Szabo S. & Webster J., 2020. Perceived Greenwashing: The Effects of Green Marketing on Environmental and Product Perceptions. *Journal of Business Ethics*. https://doi.org/10.1007/s10551-020-04461-0.

Tabrizi S., Crêpy M. & Rateau F., forthcoming. *Recycled content in plastics - the mass balance approach.* p. 16. Rethink Plastics Alliance. (also available at https://ecostandard.org/wp-content/uploads/2021/04/ECOS-ZWE-Mass-balance-approach-booklet-2021.pdf).

The Ministry of Agriculture and Rural Affairs & the Ministry of Ecology and Environment, 2020. *Management Measures for Recycling and Disposal of Pesticide Packaging Waste of the People's Republic of China.* [Cited 29 September 2021]. https://www.foodmatenet.com/2020/08/order-no-7-of-2020-of-the-ministry-of-agriculture-and-rural-affairs-of-the-ministry-of-ecology-and-environment-of-the-peoples-republic-of-china-management-measures-for-recycling-and-dispo/.

The Pew Charitable Trusts & SYSTEMIQ, 2020. *Breaking the plastic wave - a comprehensive assessment of pathways towards stopping ocean plastic pollution.* p. 154. (also available at https://www.pewtrusts.org/-/media/assets/2020/07/breakingtheplasticwave_report.pdf).

The Woodland Trust, 2021. Charity Makes Plastic Free Planting Pledge. In: *Woodland Trust* [online]. [Cited 11 July 2021]. https://www.woodlandtrust.org.uk/press-centre/2021/07/plastic-free-planting-pledge/.

Truong N. van & beiPing C., 2019. Plastic marine debris: sources, impacts and management. *International Journal of Environmental Studies*, 76(6): 953–973. https://doi.org/10.1080/00207233.2019.1662211.

Tsakona M. & Rucevska I., 2020. Plastic Waste - Background Report (DRAFT). UNEP. https://www.google.com/l?sa=t&rct=j&q=&esrc=s&source=web&cd=&ved=2ahUKEwjY46rO4YvtAhW9DGMBHTxxDMIQFjAAegQIAhAC&url=https%3A%2F%2Furl.grida.no%2F3gIIPPm&usg=AOvVaw0NeYp3zVvLFBvw5RSOQBxe.

Tullo A., 2019. PHA: A biopolymer whose time has finally come. In: *Chemical & Engineering News* [online]. [Cited 30 September 2021]. https://cen.acs.org/business/biobased-chemicals/PHA-biopolymer-whose-time-finally/97/i35.

Tumlin S., 2017. Microplastics. Report from an IWA Sweden conference and workshop in Malmö. http://vav.griffel.net/filer/C_VA-teknik_Sodra_2017-08.pdf.

UiT The Arctic University of Norway, 2021. Dsolve – Biodegradable plastics for marine applications. In: *Dsolve* [online]. [Cited 31 July 2021]. https://uit.no/research/dsolve-en?p_document_id=704783&Baseurl=/research/.

UN, 2015. *Transforming our world: the 2030 Agenda for Sustainable Development.* [Cited 1 June 2021]. https://documents-dds-ny.un.org/doc/UNDOC/GEN/N15/291/89/PDF/N1529189.pdf?OpenElement.

UNCED, 1992. *The Rio Declaration on Environment and Development.* [Cited 1 June 2021]. https://www.taylorfrancis.com/books/9781000244090/chapters/10.4324/9780429310089-10.

UNEP, 2021a. Looking ahead to the resumed UN Environment Assembly in 2022 –Message from online UNEA-5, Nairobi 22 –23 February 2021. [Cited 6 April 2021]. https://wedocs.unep.org/bitstream/handle/20.500.11822/35874/k2100514-e.pdf?sequence=1&isAllowed=y.

UNEP, 2021b. *Addressing single-use plastic products pollution using a life cycle approach.* p. 48. Geneva, Switzerland, UNEP. (also available at https://www.lifecycleinitiative.org/wp-content/uploads/2021/02/Addressing-SUP-Products-using-LCA_UNEP-2021_FINAL-Report-sml.pdf).

UNICRI, 2016. *Illicit pesticides, organized crime and supply chain integrity.* p. 84. Torino, Italy, United Nations Interregional Crime and Justice Research Institute. (also available at http://www.unicri.it/sites/default/files/2019-10/The_problem_of_illicit_pesticides.pdf).

United Nations, 1982. *United Nations Convention on the Law of the Sea.* [Cited 1 June 2021]. https://www.un.org/Depts/los/convention_agreements/texts/unclos/unclos_e.pdf.

United Nations, 1992. *Convention on Biological Diversity.* [Cited 7 October 2021]. https://www.cbd.int/doc/legal/cbd-en.pdf.

United Nations, 2015. *The Paris Agreement.* [Cited 24 April 2021]. https://unfccc.int/sites/default/files/english_paris_agreement.pdf.

Various Governments, 2021. Draft Ministerial Statement on Marine Litter and Plastic Pollution. https://ministerialconferenceonmarinelitter.com/documents/index.php/.

Vert M., Doi Y., Hellwich K.H., *et al.* 2012. Terminology for biorelated polymers and applications (IUPAC Recommendations 2012). *Pure and Applied Chemistry*, 84(2): 377–410. https://doi.org/10.1351/PAC-REC-10-12-04.

Wang J., Liu X., Li Y., *et al.,* 2019. Microplastics as contaminants in the soil environment: A mini-review. *Science of The Total Environment*, 691: 848–857. https://doi.org/10.1016/j.scitotenv.2019.07.209.

Ward A., 2020. Container management - an industry perspective. Unpublished manuscript.

Waste360, 2020. China unveils five-year plan to ban single-use plastics. In: *Waste360* [online]. [Cited 27 April 2021]. https://www.waste360.com/legislation-regulation/china-unveils-five-year-plan-ban-single-use-plastics.

Watkins E., Gionfra S., Schweitzer J.P., *et al.,* 2017. *EPR in the EU Plastics Strategy and the Circular Economy: A focus on plastic packaging.* p. 56. Institute for European Environmental Policy.

Webb P., Flynn D.J., Kelly N.M. & Thomas S.M., 2021. *The Transition Steps Needed to Transform Our Food Systems.* p. 15. United Nations Food Systems Summit 2021. Global Panel on Agriculture and Food Systems for Nutrition. (also available at https://www.glopan.org/wp-content/uploads/2021/05/FSS_Brief_Food_System_Transformation.pdf).

Weber R., Herold C., Hollert H., *et al.,* 2018. Reviewing the relevance of dioxin and PCB sources for food from animal origin and the need for their inventory, control and management. *Environmental Sciences Europe*, 30(1): 42. https://doi.org/10.1186/s12302-018-0166-9.

Wiesinger H., Wang Z. & Hellweg S., 2021. Deep Dive into Plastic Monomers, Additives, and Processing Aids. *Environmental Science & Technology*. https://doi.org/10.1021/acs.est.1c00976.

Wijesekara H., Bolan N.S., Kumarathilaka P., *et al.* 2016. Biosolids Enhance Mine Site Rehabilitation and Revegetation. *Environmental Materials and Waste*, pp. 45–71. Elsevier. https://doi.org/10.1016/B978-0-12-803837-6.00003-2.

Woods J.S., Rødder G. & Verones F., 2019. An effect factor approach for quantifying the entanglement impact on marine species of macroplastic debris within life cycle impact assessment. *Ecological Indicators*, 99: 61–66. https://doi.org/10.1016/j.ecolind.2018.12.018.

WRAP, 2020. *Considerations for compostable plastic packaging.* p. 25. (also available at https://wrap.org.uk/sites/default/files/2020-09/WRAP-Considerations-for-compostable-plastic-packaging.pdf).

WWF, 2020. Addressing marine plastic pollution in Asia: Potential key elements of a global agreement, workshop summary report. p. 19. WWF - Asia. (also available at https://wwfasia.awsassets.panda.org/downloads/fa_wwf_marine_pollution_report_full_200821_hires.pdf).

WWF Ellen MacArthur Foundation & Boston Consulting Group, 2020. *The business case for a UN treaty on plastic pollution.* p. 37. (also available at https://f.hubspotusercontent20.net/hubfs/4783129/Plastics/UN%20treaty%20plastic%20poll%20report%20a4_single_pages_v15-web-prerelease-3mb.pdf).

Yates J., Deeney M., Rolker H.B., *et al.,* 2021. A systematic scoping review of environmental, food security and health impacts of food system plastics. *Nature Food*, 2(2): 80–87. https://doi.org/10.1038/s43016-021-00221-z.

Zen L., 2018. Plasticulture in China. Paper presented at 21st CIPA Congress, May 2018, Chinese Academy of Agricultural Sciences. https://cipa-plasticulture.com/wp-content/uploads/2018/06/Plasticulture-in-China_-LZ20180527.pptx.

Zero Waste Europe, 2019. *El Dorado of Chemical Recycling - State of play and policy challenges.* p. 27. Zero Waste Europe. (also available at https://zerowasteeurope.eu/wp-content/uploads/2019/08/zero_waste_europe_study_chemical_recycling_updated_en.pdf).

Zheng J. & Suh S., 2019. Strategies to reduce the global carbon footprint of plastics. *Nature Climate Change*, 9(5): 374–378. https://doi.org/10.1038/s41558-019-0459-z.

Zhou W., Ma T., Chen L., *et al.,* 2018. Application of catastrophe theory in comprehensive ecological security assessment of plastic greenhouse soil contaminated by phthalate esters. *PLOS ONE*, 13(10): e0205680. https://doi.org/10.1371/journal.pone.0205680.

Zimmermann L., Dombrowski A., Völker C. & Wagner M., 2020. Are bioplastics and plant-based materials safer than conventional plastics? In vitro toxicity and chemical composition. *Environment International*, 145: 106066. https://doi.org/10.1016/j.envint.2020.106066.

添加剂	添加剂是添加到塑料制品基本聚合物中以改善其性能、功能和老化特性的化学化合物。一些常用的添加剂包括增塑剂、阻燃剂、抗氧剂、着色剂、光稳定剂和热稳定剂等。目前一系列有毒化学品被用作塑料制品聚合物的添加剂，包括未受国际管制的化学品和在豁免情况下允许使用的有机污染物（Hahladakis 等，2018；可持续消费和生产区域活动中心，即设在巴塞罗那的《斯德哥尔摩公约》区域中心，2020）。
农用塑料	一个集体名词，通常用于陆地农业生产阶段（主要是农作物和畜牧业生产）的塑料制品。然而，就本研究而言，该术语还包括用于林业和渔业以及农业粮食价值链下游阶段（如收获、储存、加工和分销）的塑料制品（粮农组织，2021）。
生物基塑料	源自植物基原料的塑料聚合物。这些材料可以是专门种植的作物（例如玉米淀粉）、作物生产中的副产品（例如甘蔗渣）或专门种植的藻类。并非所有生物基制成的塑料制品都是可生物降解或可堆肥的。生物基聚合物通常与化石基聚合物加以混合来生产塑料产品（欧洲环境署，2020；Gilbert 等，2015）。
可生物降解	"可生物降解"材料能够通过微生物的作用分解成二氧化碳、水和生物质等基础物质。该术语本身并未定义降解过程发生的速度或所需的特定条件（艾伦·麦克阿瑟基金会和联合国环境规划署，2020）。
可生物降解塑料	可生物降解塑料是，可以在一段时间内分解成其组成单体并通过细菌和真菌等微生物的作用代谢成水、二氧化碳和生物质等基础物质的塑料。它可以由生物基或化石基前体为原材料（欧洲环境署，2020；Gilbert 等，2015）。
生物质固体	生物质固体是指通常用于农业的稳定有机固体，它们的养分、土壤调节、能量含量或其他有益特性可以被充分利用。它们是在污水处理过程中产生的（Wijesekara 等，2016）。
化学回收	（塑料）聚合物通过化学反应分解成单体或部分解聚为低聚物的过程，然后在新的聚合过程以重现原始或相关的聚合物产品（Grigore，2017）。
可堆肥	就塑料而言，"可堆肥"是一个精确定义的术语。这意味着塑料制品可以在特定的时间范围内和特定的受控条件下分解成二氧化碳、水和生物质。"工业堆肥"和"家庭堆肥"是该术语的子集，为此制定了国际公认的标准（艾伦·麦克阿瑟基金会和联合国环境规划署，2020）。
传统塑料	传统塑料是指来自不可再生的化石基来源中提取的常见塑料，例如石油、煤炭或天然气（Zimmermann 等，2020）。典型的塑料聚合物包括聚乙烯（PE）、聚丙烯（PP）和聚对苯二甲酸乙二醇酯（PET）。

（续）

押金返还计划	这种制度是指，消费者为塑料和玻璃瓶等可回收物品支付少量附加费用或押金，当将这些可回收物品返给购买地点时，这些费用或押金可以退还，从而增加废弃物的回收利用价值（Resource futures，2021）。
降级回收	与原始产品相比，回收的产品质量较差，因此仅允许在较低价值的应用中使用回收的塑料聚合物（Campbell-Johnston等，2020）。
生产者责任延伸	这是一种"环境政策方法，将生产者对产品的责任扩展到产品使用周期的消费后阶段"。因此，可以将其理解为一种机制，以确保生产者在产品使用寿命结束时加快产品的适当收集和回收或处理，旨在将环境成本内化为产品价格（Monier等，2014）。
化石基塑料	是指源自不可再生化石资源（如石油、煤炭或天然气）的塑料。该术语是"传统塑料"的同义词。一些化石基塑料是可生物降解的（Gilbert等，2015）。
泄漏	破损、降解或被丢弃的塑料进入水生环境或陆地环境的能力。
大塑料	目前，大塑料尺寸类别没有普遍认可的定义，因为不同研究人员根据他们选择的分析方法和研究领域使用不同的塑料尺寸范围。
机械回收	机械回收或材料回收是指研磨、洗涤、分离、干燥、再造粒和复合的机械过程，试图通过生产可转化为新塑料产品的回收聚合物来回收塑料。该过程不会改变塑料聚合物（欧洲生物塑料协会，2020）。
巨型塑料	目前，巨型塑料尺寸类别没有普遍认可的定义，因为不同研究人员根据他们选择的分析方法和研究领域使用不同的尺寸范围。出于本研究的目的，将使用海洋环境保护科学方面联合专家组所给出的定义，该专家组将巨型塑料定义为大于1米的大型塑料制品（海洋环境保护科学方面联合专家组，2019）。
中型塑料	目前，中型塑料尺寸类别没有普遍认可的定义，因为不同研究人员根据他们选择的分析方法和研究领域使用不同的尺寸范围。出于本研究的目的，将使用海洋环境保护科学方面联合专家组所给出的定义，该专家组将中型塑料定义为5至25毫米之间的塑料制品（海洋环境保护科学方面联合专家组，2019）。
微塑料	目前，微塑料尺寸类别没有普遍认可的定义，因为不同研究人员根据他们选择的分析方法和研究领域使用不同的尺寸范围。出于本研究的目的，将使用海洋环境保护科学方面联合专家组所给出的定义，该专家组将微塑料定义为直径小于5毫米的塑料碎片（GESAMP，2019）。
纳米塑料	目前，纳米塑料尺寸类别没有普遍认可的定义，因为不同研究人员根据他们选择的分析方法和研究领域使用不同的尺寸范围。出于本研究的目的，将使用海洋环境保护科学方面联合专家组所给出的定义，该专家组将纳米塑料定义为直径小于1微米的极小塑料碎片（海洋环境保护科学方面联合专家组，2019）。

附录　价值链

如第5章所述，本报告回顾了农作物和畜牧业生产、渔业、水产养殖和林业中具有代表性的农业粮食价值链，以确定每个产业价值链所使用的关键塑料制品。本报告旨在评估塑料制品的数量、最终去向和对人类和生态系统健康造成危害的可能性，以及它们的总体相对风险。由于大部分数据无法获得，因此，本报告作者在进行这些定性评估时不得不使用专家们的判断。这些定性评估用于比较风险的分析，详见第19页表3-2。

附录包括所选分类价值链及其所包含的流程步骤或阶段的图示。对于所选价值链的每个阶段，都有一个塑料输入及其产生塑料废弃物的图示。在许多情况下，塑料输入产生的废弃物或污染可能会在后续阶段发生。本报告作者尽力为每个价值链确定具有代表性的塑料制品，但这些塑料制品也可能会因具体情况而异。由于农业实践的可变性和世界各地价值链的复杂性，分类价值链中包含的塑料制品并非详尽无遗。然而，这些图示确实提供了关于农用塑料的使用方式、使用地点及其最终去向的见解。

附录中包含的价值链包括：

1. 园艺
2. 畜牧业生产——带有附属价值链
　　2.1 草料和饲料
　　2.2 动物生产
　　2.3 活体动物产品
　　　　2.3.1 羊毛
　　　　2.3.2 牛奶
　　2.4 屠宰动物产品
　　　　2.4.1 皮革
　　　　2.4.2 肉类
3. 棉花
　　3.1 种子
　　3.2 棉纤维
4. 人工林
5. 海洋捕捞业
6. 水产养殖

7.香蕉

8.玉米

塑料制品分类

符号	描述	举例
◯	完全泄漏到环境中的塑料制品	·肥料、种子和农药的聚合物包膜包衣或包装 ·牲畜用弹性绷带 ·捕捞拖网上的多利绳
◯	具有泄漏到环境中或污染高风险的塑料制品，限制了回收的选择	·地膜和滴灌带 ·植物支架和网架 ·农药包装容器和浸渍农药的塑料套袋 ·兽用耗材 ·树木保护罩
◯	使用时间短（小于6个月）但具有收集和回收潜力的一次性塑料制品	·肥料和种子的包膜包衣 ·个人防护装备 ·分销包装和消费包装
◯	一次性耐用塑料制品（使用寿命大于3年），具有收集和回收的潜力	·棚膜 ·池塘衬垫和灌溉干管 ·用于标记牲畜的耳标 ·渔网和保温渔获箱
◯	可重复利用的塑料制品，只有在几个使用周期后才会变成废弃物，并具有收集和回收的潜力	·农作物收获板条箱 ·小型牲畜板条箱 ·密封的作物储存袋 ·用于分销配送鱼类的可消毒保温箱

(左侧纵向箭头文字：对环境造成越来越大的危害的可能性　越来越高的循环利用可能性)

解释性说明：

（1）每个价值链中的阶段或流程步骤以垂直方式呈现，每个阶段或流程步骤都有不同的颜色代码。

（2）在某个阶段使用的塑料制品配以与该阶段相关的颜色，显示在"输入"列中。

（3）在价值链的废弃物生成阶段，使用塑料制品产生的废弃物显示在"废弃物"列中。塑料输入及其废弃物之间通过箭头链接。废弃物的颜色与作为废弃物来源的塑料制品相同。

（4）塑料制品分类。根据其对环境造成危害的可能性及其循环利用的潜力，将这些塑料制品进行分类并用符号标记。分类和符号如上表所示。

（5）互联的价值链。对于长而复杂的价值链，例如畜牧业生产价值链，有必要将它们分解为许多单独的线性价值链。每个单独线性价值链最后阶段的塑料输入和线性价值链第一阶段产生的塑料废弃物被交叉引用。

1.园艺

该价值链对蔬菜生产过程中产生和使用的各种塑料制品进行详细分析，包括温室、地膜和滴灌带，以及随后向消费者分销蔬菜所用的塑料制品。

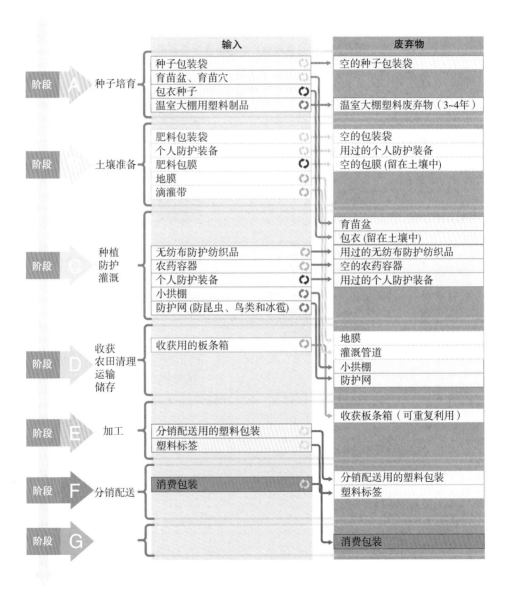

2. 畜牧业生产

该价值链总结了畜牧业生产的漫长而复杂的过程。它包括在畜牧业生产食品产品和非食品产品过程中产生和使用的各种塑料制品，还包括草料和饲料生产、畜牧业的各个阶段以及随后的产品加工和分销。

食品和非食品畜牧业产品的价值链要素概述

■ 食品
▨ 非食品

- 2.1 草料和饲料的生产和使用
- 2.2 牲畜产品
- 2.3 活体动物产品
  - 2.3.1 非屠宰非食品产品的处理加工和分销配送（如羊毛）
  - 2.3.2 非屠宰食品的处理加工和分销配送（如牛奶和鸡蛋）
- 2.4 屠宰动物产品
  - 2.4.1 非肉类产品的处理和分销配送（如皮毛和蹄子）
  - 2.4.2 肉类产品的处理和分销配送

2.1 草料和饲料

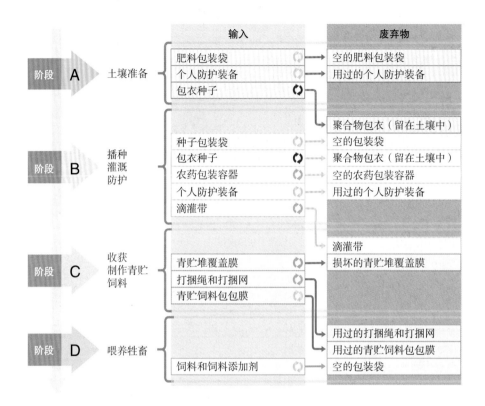

2.2 动物生产

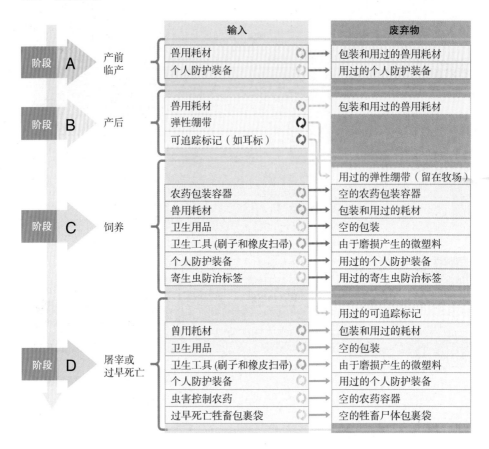

2.3 活体动物产品

2.3.1 羊毛

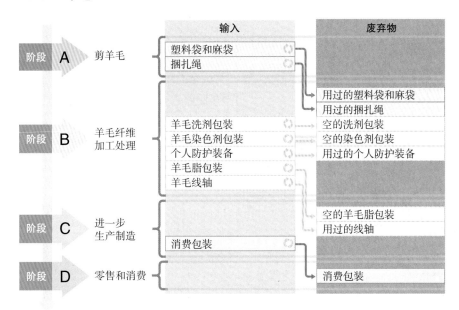

2.3.2 牛奶

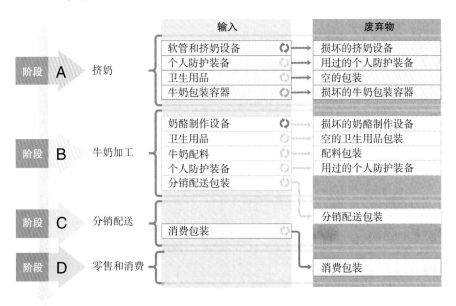

2.4 屠宰动物产品

2.4.1 皮革

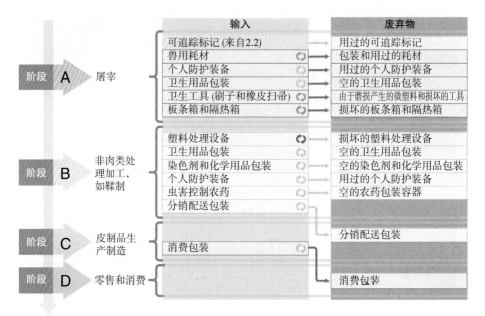

	输入	废弃物
阶段 A 屠宰	可追踪标记 (来自2.2)	用过的可追踪标记
	兽用耗材	包装和用过的耗材
	个人防护装备	用过的个人防护装备
	卫生用品包装	空的卫生用品包装
	卫生工具 (刷子和橡皮扫帚)	由于磨损产生的微塑料和损坏的工具
	板条箱和隔热箱	损坏的板条箱和隔热箱
阶段 B 非肉类处理加工，如鞣制	塑料处理设备	损坏的塑料处理设备
	卫生用品包装	空的卫生用品包装
	染色剂和化学用品包装	空的染色剂和化学用品包装
	个人防护装备	用过的个人防护装备
	虫害控制农药	空的农药包装容器
	分销配送包装	
阶段 C 皮制品生产制造		分销配送包装
	消费包装	
阶段 D 零售和消费		消费包装

2.4.2 肉类

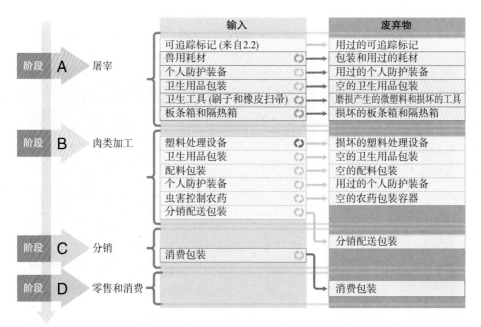

	输入	废弃物
阶段 A 屠宰	可追踪标记 (来自2.2)	用过的可追踪标记
	兽用耗材	包装和用过的耗材
	个人防护装备	用过的个人防护装备
	卫生用品包装	空的卫生用品包装
	卫生工具 (刷子和橡皮扫帚)	磨损产生的微塑料和损坏的工具
	板条箱和隔热箱	损坏的板条箱和隔热箱
阶段 B 肉类加工	塑料处理设备	损坏的塑料处理设备
	卫生用品包装	空的卫生用品包装
	配料包装	空的配料包装
	个人防护装备	用过的个人防护装备
	虫害控制农药	空的农药包装容器
	分销配送包装	
阶段 C 分销		分销配送包装
	消费包装	
阶段 D 零售和消费		消费包装

3.棉花

该价值链包括对棉花生产过程中（包括种子和纤维）使用和产生的塑料的分析，以作为非食品产品的一个案例。该价值链包括土壤准备、种植以及后续的加工、零售和消费。

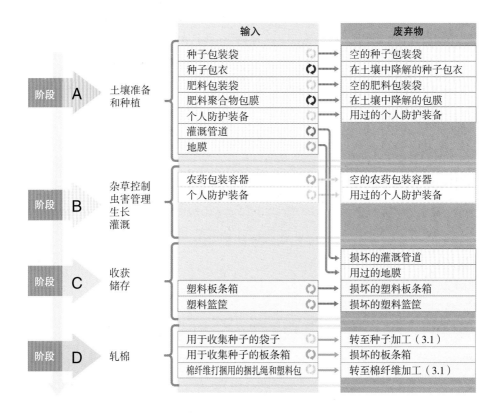

阶段		输入	废弃物
阶段	**A**	土壤准备和种植	种子包装袋 → 空的种子包装袋
			种子包衣 → 在土壤中降解的种子包衣
			肥料包装袋 → 空的肥料包装袋
			肥料聚合物包膜 → 在土壤中降解的包膜
			个人防护装备 → 用过的个人防护装备
			灌溉管道
			地膜
阶段	**B**	杂草控制虫害管理生长灌溉	农药包装容器 → 空的农药包装容器
			个人防护装备 → 用过的个人防护装备
阶段	**C**	收获储存	损坏的灌溉管道
			用过的地膜
			塑料板条箱 → 损坏的塑料板条箱
			塑料篮筐 → 损坏的塑料篮筐
阶段	**D**	轧棉	用于收集种子的袋子 → 转至种子加工（3.1）
			用于收集种子的板条箱 → 损坏的板条箱
			棉纤维打捆用的捆扎绳和塑料包 → 转至棉纤维加工（3.1）

3.1 种子

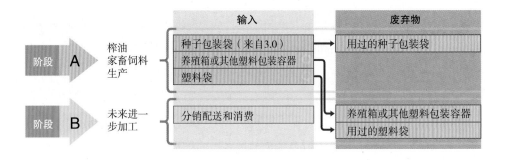

3.2 棉纤维

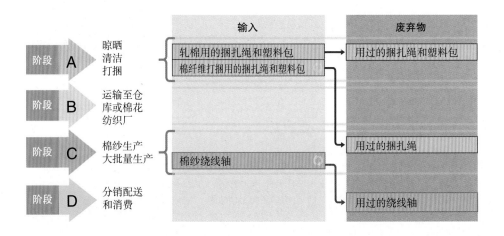

4.人工林

该价值链包括对在人工林种植过程中所产生和使用的塑料制品的分析。该价值链包括种子的准备，树苗的生产、繁殖，以及后续的加工、分配和运输。

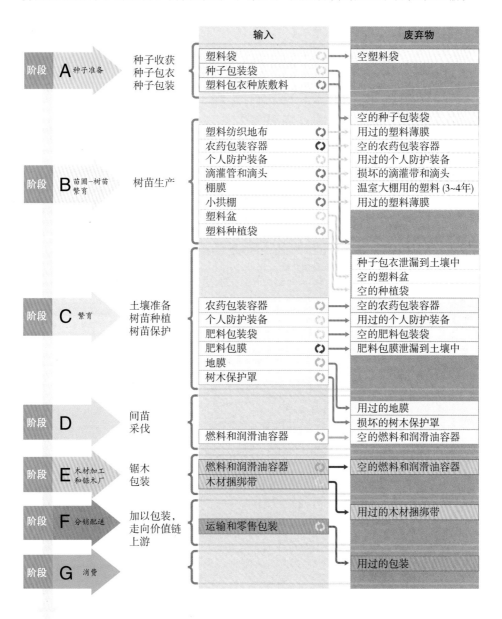

5.海洋捕捞业

该价值链包括对海洋捕捞业中产生和使用的塑料产品的分析，包括捕捞、后续处理、分销配送以及零售和消费。超过使用寿命的渔具，要么被废弃、丢失或丢弃在海中，要么在返回港口后对其进行回收或处理。

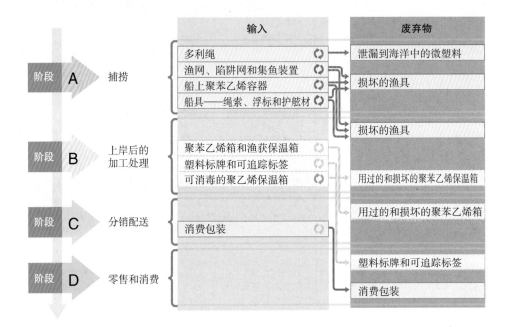

6.水产养殖

该价值链包括对水产养殖过程中产生和使用的塑料制品的分析，包括水产养殖架构、后续加工、分销配送以及零售和消费。

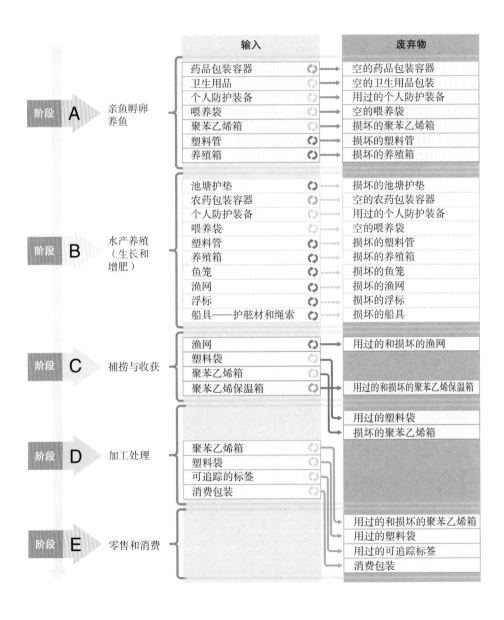

	输入	废弃物
阶段 A 亲鱼孵卵养鱼	药品包装容器	空的药品包装容器
	卫生用品	空的卫生用品包装
	个人防护装备	用过的个人防护装备
	喂养袋	空的喂养袋
	聚苯乙烯箱	损坏的聚苯乙烯箱
	塑料管	损坏的塑料管
	养殖箱	损坏的养殖箱
阶段 B 水产养殖（生长和增肥）	池塘护垫	损坏的池塘护垫
	农药包装容器	空的农药包装容器
	个人防护装备	用过的个人防护装备
	喂养袋	空的喂养袋
	塑料管	损坏的塑料管
	养殖箱	损坏的养殖箱
	鱼笼	损坏的鱼笼
	渔网	损坏的渔网
	浮标	损坏的浮标
	船具——护舷材和绳索	损坏的船具
阶段 C 捕捞与收获	渔网	用过的和损坏的渔网
	塑料袋	
	聚苯乙烯箱	
	聚苯乙烯保温箱	用过的和损坏的聚苯乙烯保温箱
		用过的塑料袋
		损坏的聚苯乙烯箱
阶段 D 加工处理	聚苯乙烯箱	
	塑料袋	
	可追踪的标签	
	消费包装	
阶段 E 零售和消费		用过的和损坏的聚苯乙烯箱
		用过的塑料袋
		用过的可追踪标签
		消费包装

163

7.香蕉

该价值链包括对香蕉种植、生产、加工和运输过程中产生和使用的塑料制品的分析。作为主要热带产品的香蕉是一个例子，因为香蕉具有很长的供应链，并且使用大量塑料制品，尤其是在生长和收获期间。

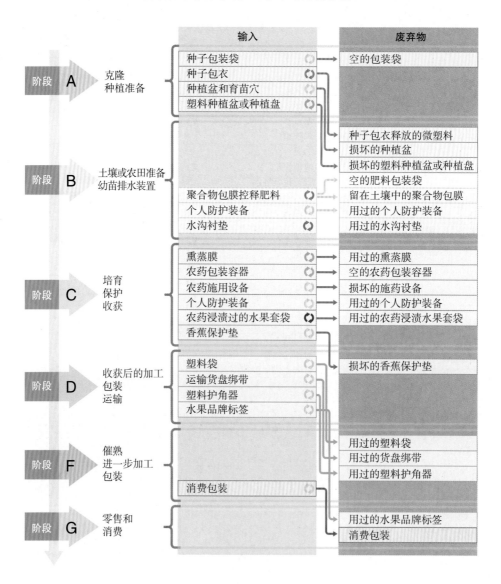

8. 玉米

该价值链提供对小规模玉米种植、分销、加工、零售和消费过程中产生和使用的塑料制品的分析。

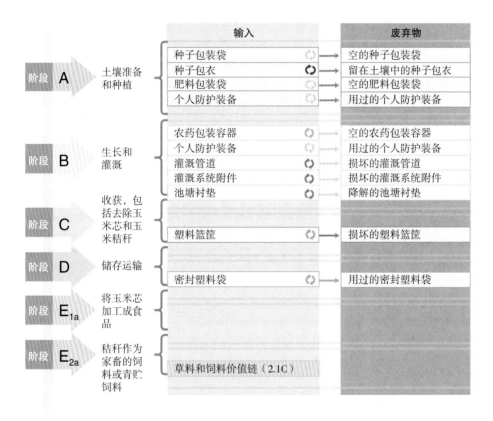

图书在版编目（CIP）数据

农用塑料及其可持续性评估：行动号召 / 联合国粮食及农业组织编著；李骏达等译. —北京：中国农业出版社，2023.12

（FAO中文出版计划项目丛书）

ISBN 978-7-109-31626-3

Ⅰ.①农…　Ⅱ.①联…　②李…　Ⅲ.①农业—塑料制品—研究　Ⅳ.①TQ320.73

中国国家版本馆CIP数据核字（2024）第018485号

著作权合同登记号：图字01-2023-3972号

农用塑料及其可持续性评估：行动号召

NONGYONG SULIAO JIQI KECHIXUXING PINGGU：XINGDONG HAOZHAO

中国农业出版社出版

地址：北京市朝阳区麦子店街18号楼

邮编：100125

责任编辑：闫保荣　　文字编辑：何　玮

版式设计：王　晨　　责任校对：吴丽婷

印刷：北京通州皇家印刷厂

版次：2023年12月第1版

印次：2023年12月北京第1次印刷

发行：新华书店北京发行所

开本：700mm×1000mm　1/16

印张：11.5

字数：221千字

定价：94.00元